Radar Hydrology:
Principles, Models, and Applications

雷达水文学：
原理、模型及应用

〔美〕洪阳（Yang Hong）
〔美〕乔纳森 · J.古尔利（Jonathan J. Gourley） 著
许继军 曾子悦 江 磊 等 译

科 学 出 版 社
北 京

图字：01-2024-1262 号

内 容 简 介

雷达测雨技术在气象灾害预警预报方面有着悠久的研究应用历史，多频率机载、星载及地面雷达对水圈多要素的全方位持续观测将深刻影响水文学理论、原理及模型的技术革新。本书以现代雷达技术对水文学科的支撑为切入点，第 1 章主要论述雷达基本原理，第 2～5 章详细描述雷达定量降水估测技术，第 6～8 章介绍雷达技术在水循环要素观测、水文模型及山洪预报方面的应用案例，力求完整呈现雷达原始观测信号向灾害预警预报依据转化处理的全过程，为读者提供雷达水文学从原理、模型到应用的全方位概况。

本书面向气象、水利及遥感测绘部门的业务工作者及研究人员，水文学、遥感学等地球科学相关领域的高等院校及科研院所研究生，以及其他对本书内容感兴趣的公众。

审图号：GS 京（2024）0083 号

图书在版编目（CIP）数据

雷达水文学：原理、模型及应用/（美）洪阳（Yang Hong），（美）乔纳森·J. 古尔利（Jonathan J. Gourley）著；许继军等译. —北京：科学出版社，2024.4

书名原文：Radar Hydrology：Principles，Models，and Applications

ISBN 978-7-03-077940-3

Ⅰ.①雷…　Ⅱ.①洪…　②乔…　③许…　Ⅲ.①雷达技术-应用-水文学　Ⅳ.①P33

中国国家版本馆 CIP 数据核字（2024）第 001944 号

责任编辑：何　念　汪宇思/责任校对：高　嵘

责任印制：彭　超/封面设计：无极书装

科学出版社 出版

北京东黄城根北街 16 号

邮政编码：100717

http://www.sciencep.com

武汉市首壹印务有限公司印刷

科学出版社发行　各地新华书店经销

*

开本：787×1092　1/16

2024 年 4 月第　一　版　　印张：10 1/2

2024 年 4 月第一次印刷　　字数：249 000

定价：158.00 元

（如有印装质量问题，我社负责调换）

Radar Hydrology: Principles, Models, and Applications, First edition/by Yang Hong, Jonathan J. Gourley/ISBN: 978-1-138-85536-6

译 者 序

随着雷达技术的飞速发展，雷达测雨技术在水文中的应用也逐渐显现出越来越广阔的前景。目前，国内多所高校面向气象、水文及遥感相关专业开设雷达测雨、雷达水文应用等相关课程，雷达水文学相关理论研究与技术应用也成为近年来气象、水利、遥感测绘等领域的热点话题。

长江水利委员会长江科学院联合长江勘测规划设计研究有限责任公司推出本译著，可供气象、水利及遥感测绘等相关领域从业人员和科技工作者参考使用，也可供高等院校相关专业师生阅读参考。本译著第 1 章由林玉茹翻译，第 2～5 章由曾子悦翻译，第 6～7 章由江磊翻译，第 8 章由许继军翻译。全书由曾子悦、许继军校核。本译著的出版受到长江水科学研究联合基金（项目号：U2040212）及国家自然科学基金青年科学基金项目（项目号：52009007）的资助。由于译者水平有限，不完善之处希望读者加以指正。

许继军

2023 年 8 月

前　言

雷达的起源可以追溯到第二次世界大战时期。在探测敌方飞机、海面上的潜艇和船只方面，雷达为军队作战提供了独特优势。雷达不仅改变了战争胜负，还被用于观测天气，掀起了一场气象学革命。雷达在研究强雷暴、识别与中气旋和龙卷风相关的旋转、探测严重冰雹和破坏性大风，以及估测诱发山洪的暴雨方面具有重要的作用。因此，全球许多国家都投资建设用于常规观测的大型雷达网络，来预警预报天气灾害。

本书重点介绍雷达在水文学中的应用。气象雷达在降水探测方面具有重要价值，甚至能进行高精度山洪监测和预报。但使用原始雷达信号精确估测降水并不是一个简单的过程。为此，本书利用 4 个章节的篇幅专门探讨雷达降水估测。高校研究生、气象预报员及相关研究人员能够从本书中获取雷达降水估测背后的理论框架和实践经验。

我们所介绍的新雷达技术能提高降水估测的精度和分辨率，其中部分雷达平台为移动式或便携式。本书中关于这些平台的描述主要侧重于作者熟悉的领域，并未全面涵盖所有的新雷达技术。同样，我们重点介绍的几项研究反映我们在这些观测平台、流域和方法方面的经验。本书各章后有完整的参考文献列表，鼓励感兴趣的读者了解其他此类研究，以期对本书所述主题有更全面的理解。

我们相信，使用雷达遥感手段探测除降水外的其他参数将引领水文学的下一次革命。多频率机载、星载和地面雷达可用于探测并测量地表水的空间范围和深度、径流量、近地表土壤湿度、地下水及地下水位埋深。目前，雷达对水储量和水通量的探测几乎能深入到先前无法观测到的区域。而这些新的观测结果将深刻影响新的水文理论、公式和基本认识的形成。此外，雷达能对地球淡水储量进行准确估测，为我们提供了解地球气候状况的密码。

洪阳博士与乔纳森·J.古尔利博士
美国国家气象中心水文气象遥感实验室

致　谢

我们向多位帮助撰写、编辑、校对本书若干组成部分的人士表示由衷的感谢。撰写本书的想法源于俄克拉何马大学（University of Oklahoma）的一门研究生课程“雷达水文学”，如果没有俄克拉何马大学水文气象遥感实验室（Hydrometeorology and Remote Sensing Laboratory）成员所贡献的关键讨论和支持，我们不可能完成本书（http://hydro.ou.edu）。我们尤其要感谢以下帮助撰写特定章节和图表、收集参考资料并提出多组问题的研究生和科学家：Qing Cao 博士、Race Clark、Zac Flamig、Pierre-Emmanuel Kirstetter 博士、Humberto Vergara、Yixin “Berry” Wen、Amanda Oehlert、Zhanming Wan、Xiaodi Yu 和 Yu Zhang，非常感谢他们所提供的帮助和专业知识！

我（洪阳博士）感谢 Soroosh Sorooshian 博士、Kuolin-Hsu 博士和 Robert F. Adler 博士无私分享他们在科学和工程方面的知识与智慧。我还要感谢我在俄克拉何马大学和美国国家气象中心（National Weather Center）的同事与学生，他们帮助我找回了内心的激情，让我了解自己在这个激动人心但又快节奏的学术世界中的位置。我谨以此书献给我的家人和朋友。

我（乔纳森·J.古尔利博士）首先感谢 Robert A. Maddox 他分享对科学的热情并教会我如何成为一名一丝不苟的研究员。Kenneth W. Howard 给了我这个初出茅庐的本科生一个在美国国家强风暴实验室（National Severe Storms Laboratory，NSSL）工作的机会，当时的我觉得自己并没有资格在这家机构工作。我十分钦佩他能够结合艺术和科学，不断创造和发明新的理念。我谨以此书献给我亲爱的家人 Steph、Joe 和 Gigi，他们是我人生的意义！

最后，我们还要感谢许多资助机构，包括美国国家海洋和大气管理局（National Oceanic and Atmospheric Administration）、美国国家航空航天局（National Aeronautics and Space Administration，NASA）、美国国家科学基金会（National Science Foundation）和俄克拉何马大学战略组织高级雷达研究中心（Advanced Radar Research Center，ARRC）。它们一同促进了雷达水文学的科学研究和工程发展。我们还要感谢 Ashley Gasque 和 Andrea Dale 在管理与编辑方面所提供的协助。

洪阳博士与乔纳森·J.古尔利博士

美国国家气象中心水文气象遥感实验室

作 者 简 介

洪阳博士是俄克拉何马大学土木工程与环境科学学院（School of Civil Engineering and Environmental Sciences）水文和遥感教授，也是气象学院（School of Meteorology）的兼职教师。此前，他是美国国家航空航天局戈达德太空飞行中心（Goddard Space Flight Center）的科学家和加州大学欧文分校（University of California，Irvine）的博士后研究员。

洪阳博士目前主管美国国家气象中心水文气象遥感实验室（http://hydro.ou.edu），同时还担任新兴地区水利技术中心（Water Technology for Emerging Regions Center）联合主任、高级雷达研究中心教员及俄克拉何马大学风暴分析预报中心（Center for Analysis and Prediction of Storms）附属会员。洪阳博士的研究涵盖了水文、气象、气候等多个领域，尤其在弥补跨时空尺度的水-天气-气候-人类系统方面的研究不足中起到了重要作用。他还设计并教授了以遥感反演和应用、高级水文模型、气候变化和自然灾害、工程勘察/测量和统计、陆表模型和数据同化系统及气候变化下的水系统等为主题的课程。

洪阳博士曾在多个国际和国家委员会、评审小组及数家杂志的编辑委员会任职。他曾担任美国地球物理联合会（American Geophysical Union）水文分会降水技术委员会（Hydrology Section Technique Committee on Precipitation）主席（2008～2012 年）及多家期刊的编辑；因“在系统地促进和加速利用美国国家航空航天局科学研究成果造福社会方面取得重大成就”而荣获美国国家航空航天局 2008 年团体成就奖；因“在教学、研究和创新活动，以及专业和高校服务方面取得卓越成就”而在 2014 年荣获俄克拉何马大学卓越研究奖。他在遥感、水文学、气象学和灾害学领域上发表了大量文章，并面向高校、政府机构和私人企业发布了多项技术。

洪阳博士在亚利桑那大学（University of Arizona）获得水文学与水资源博士学位，辅修遥感和空间分析（2003 年），在北京大学获得环境科学硕士学位（1999 年）和地球科学学士学位（1996 年）。

乔纳森·J.古尔利博士是美国国家海洋和大气管理局/美国国家强风暴实验室的水文学家，也是俄克拉何马大学气象学院的客座副教授。他在俄克拉何马大学获得气象学学士和硕士学位，以及土木工程博士学位。他的主要研究领域包括从水资源管理到山洪等极端事件早期预警的多尺度水文预测、基于星载测量和双极化雷达等遥感平台的降水估测、通过独特观测手段提高对水通量理论的理解等在内的诸多方面。在法国进行博士后研究期间，他在证实双极化雷达的实用性方面发挥了重要作用，之后法国气象局运用这项研究成果成功地升级了他们的网络系统。

乔纳森·J.古尔利博士是多传感器降水算法的主要发明者，该算法现已应用于北美全境的所有雷达，并已被多个国家使用。他根据流量测站数据、专业观测员所提供的报告及在他安排的一项实验中直接从公众处收集的目击者报告，创建了一个专门用于社区研究的美国洪水综合数据库。该数据库目前被用于开发和评估一个名为“FLASH”（Flooded Locations and Simulated Hydrographs）的模型系统，该系统旨在为美国提供准确的山洪实时预报。乔纳森·J.古尔利博士曾获得美国商务部（Department of Commerce）铜牌和银牌奖，以及美国气象学会（American Meteorological Society）水文气象杂志编辑奖。更多关于其教育背景和研究的信息，参见：https://www.nssl.noaa.gov/users/gourley/public_html/和 https://inside.nssl.noaa.gov/flash/（由于 noaa 网站更新，此处译者对原网站信息进行替换，译者注）。

目　　录

第 1 章

雷达基本原理介绍

雷达是无线电探测和测距的缩写，由英国发明，最初用来探测飞机、军舰和水面舰艇。雷达的出现一定程度上决定了第二次世界大战的结果。自第二次世界大战起，雷达技术迅速从军事应用扩展到民用及商业应用。空中交通指挥员用雷达指挥飞机并避免碰撞，警察经常使用多普勒雷达探测公路上超速行驶的汽车，即便是用来加热咖啡的微波炉也是因为雷达而诞生的！雷达能观测水文循环中的重要参数，极大地提升水文灾害的监测预报能力，在水文学领域产生了重大而深远的影响。本章介绍雷达的基本原理。虽然仍采用通用的理论和方程，但当今的各类雷达具有截然不同的应用和工作特性。气象雷达有着丰富的应用场景，但本章重点介绍的是气象雷达在水文学中的应用。本书中提供的例子和典型参数值针对构成了美国新一代雷达（next generation radar，NEXRAD）网络的气象监视雷达-1988多普勒（WSR-88D）。

1.1 雷达元器件

雷达是一种由图 1.1 所示的基本元器件组成的仪器。发射器以脉冲或连续波的形式产生电磁辐射。WRD-88D 采用速调管发射器产生能量脉冲；速调管发射器由于能够控制发射信号的频率，所以其成本通常高于磁控管。将在第 3 章具体探讨雷达在发射和接收水平垂直平面极化信号方面的优势。极化发射脉冲通过波导传播，波导一般是具有矩形横截面的由导电金属制成的中空导管。一些双极化雷达有两个独立的波导，分别对应水平和垂直通道。波导将发射器连接到雷达天线，最常见的天线由抛物面形碟面和反射器组成，它们能够通过基座沿方位角方向和垂直方向自动旋转。基座是雷达系统的主要运动部件，需要定期维护。将在第 5 章介绍一种相控阵雷达，这种雷达不一定需要基座。电磁脉冲被引导至一种被称为馈电喇叭的装置，该装置将交流电作为无线电波短距离传送到碟形天线中心。无线电波在这里被碟形天线反射并形成雷达波束，通过自由大气传输到预定目标。该能量中的一部分在遇到大气中的物体后被散射回碟面，这种能量被称为后向散射。反射器将后向散射能量集中到馈电喇叭，馈电喇叭将后向散射无线电波转换回电压。接收到的信号沿着馈电喇叭向下传播至接收器，接收器将信号放大并进行后续处理。

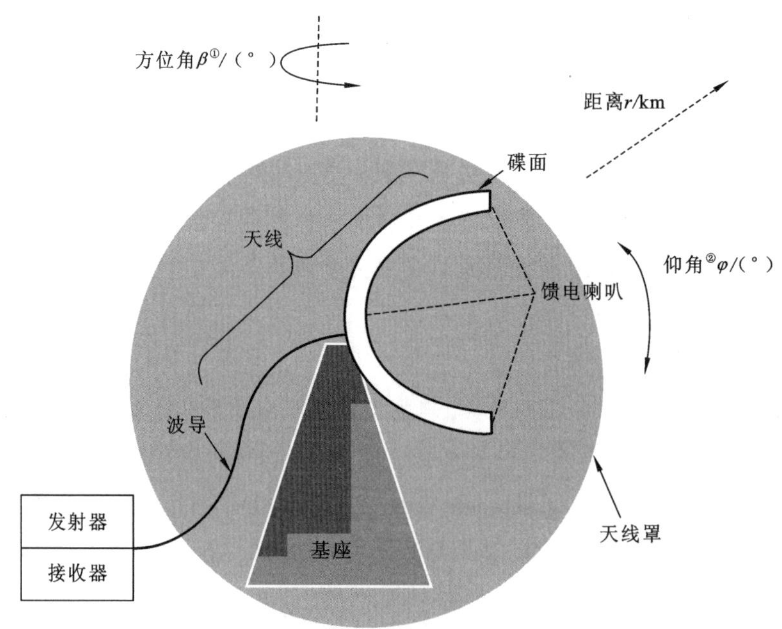

图 1.1　常规气象雷达系统的基本元器件

在描述雷达数据时，使用距离（km）、方位角（°）和仰角（°）组成的球面坐标最为方便

① 译者注：原著中为 θ，此处为与波束宽度符号区分，更正为 β。
② 译者注：原著中为高程（elevation），此处更正为仰角。

雷达天线包含抛物面形碟面、馈电喇叭和基座，通常带有球形天线罩。天线罩的主要用途是减小碟面上对基座造成过度压力的风载荷。天线罩还可以起到隐藏天线、保护人员不受运动部件影响、保护天线不受积雪和积冰影响等的作用。天线罩通常由多块对称或非对称的面板构成，必须使用不导电材料，并且不能采用金属螺钉和电线，否则会造成数据伪影和信号损耗。因此，天线罩最常用的材料是玻璃纤维。另外，紧邻天线罩的周围区域不能有任何物体，尤其是金属物体。Gourley 等（2006）检验了由法国气象局的 Trappes 极化雷达测量的雷达参数数据的质量，发现雷达参数数据中存在由天线视场内塔周边安装的安全栅栏造成的伪影。此外，他们发现雷达参数在特定方位角和仰角上存在显著偏差，而这些偏差与一个装有电梯电子操作装置的小盒子（20 cm×27 cm×60 cm）所处的位置有关。

1.2 雷达波束

气象雷达发射的微波频谱中的电磁能量在真空中以光速（3×10^8 m/s）传播。光速（c）与频率（f）、波长（λ）之间的关系如下：

$$c=f\lambda \tag{1.1}$$

式中：c 为光速，取 3×10^8 m/s；f 为频率，Hz；λ 为波长，m。雷达在水文应用中的最常见波段、频率和相关波长如表 1.1 所示。

表 1.1　水文应用中的雷达特性概述

波段	频率	波长	水文应用
W	75～110 GHz	2.7～4.0 mm	云滴探测
mm	40～300 GHz	7.5～1 mm	云微物理过程
Ka	24～40 GHz	0.8～1.1 cm	基于星载雷达、径流量、地表水深度的降水估测
Ku	12～18 GHz	1.7～2.5 cm	用星载雷达估测降水、地表水水流速度
X	8～12 GHz	2.5～3.8 cm	高分辨率降水和微物理研究、地表水的范围和深度
C	4～8 GHz	3.8～7.5 cm	轻—中度降水、地表水范围和深度、地表土壤湿度估测
S	2～4 GHz	7.5～15 cm	中—强度降水估测
L	1～2 GHz	15～30 cm	地表土壤湿度
特高频（ultra high frequency，UHF）	300～1 000 MHz	0.3～1 m	用于测量土壤湿度和地下水位及航道水深的探地雷达（ground-penetrating radar，GPR）
P	0～300 MHz	1 m	根区土壤湿度
甚高频（very high frequency，VHF）	30～300 MHz	1～10 m	用于测量土壤湿度和地下水位的 GPR

值得注意的是，雷达微波频率的典型值为 10^7～10^{11} Hz，因此，使用兆（10^6）和吉（10^9）作为词头的 MHz 和 GHz 来表示较为方便。对应的雷达波长从数毫米（mm）至数米（m）不等。碟形天线的雷达波长和直径（d）决定了雷达波束的角宽或波束宽度（θ）：

$$\theta = \frac{73\lambda}{d} \tag{1.2}$$

其中，λ 和 d 使用相同的距离单位，θ 的单位为（°）。以 WSR-88D 为例，其工作时的波长约为 10.7 cm，使用的碟形天线的直径为 8.5 m。所对应的波束宽度约为 0.92°（在方位角和仰角两个方向上）。水平横截面小于 $\lambda/16$（水平极化波）或约为 7 mm（WSR-88D）的目标为瑞利（Rayleigh）散射体，因此对不同大小的雨滴能够产生可预测的雷达特征信号。目标若在所有方向上产生相等的散射，则称为各向同性散射。雷达所检测的返回的散射分量称为后向散射。对于 X 波段或更短波段的短波雷达而言，产生瑞利散射时其目标直径的上限较低。由于高分辨率降水估测所需的雷达波束宽度较小，且此类波长较短的雷达维持较小波束宽度所需的碟形天线的直径也相应较小，所以更适合星载、便携式和移动式雷达平台。此类较短的雷达波长更容易被大气气体和降水吸收，从而导致雷达信号的损失随距离的增加而加剧，这种现象被称为衰减。

波束宽度取决于角宽的大小，在波束中心功率减半，对应为波束半功率点。图 1.2 展示了波束照射体积（或波束上部和下部之间的距离）如何随距离的增加而增加，称为波束展宽（beam broadening）或波束扩展（beam spreading）。这一特性是限制远距离雷达测量的主要因素之一。除波束展宽之外，波束中心相对于地球表面的高度（即波束中心线高度）也随距离的增加而增加。波束展宽和波束中心线高度随距离的增加会极大程度地改变雷达探测体的位置、形状和体积。

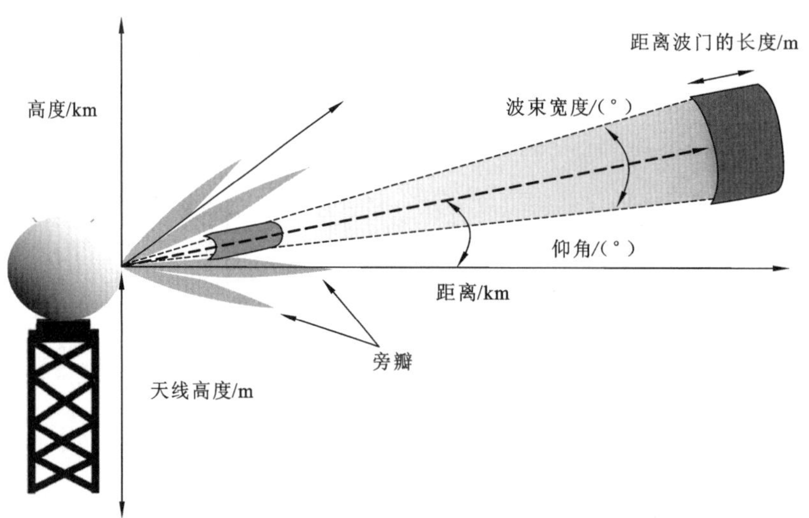

图 1.2　雷达波束在大气中朝远离雷达方向传播时的参数

波束传播路径取决于与高度一同控制大气折射率（N）变化的大气条件（主要是水蒸气压力和温度的垂直分布）。

预测雷达波束的精确传播路径十分困难且充满不确定性，与冷锋相关的逆温、寒冷/潮湿的雷雨泄流、夜间辐射等常见的大气现象往往能导致大气折射率的变化，使得大气折射率难以探测。如图 1.3 所示，这些条件会导致波束弯曲或向下传播，即产生超折射现象。在某些情况下，超折射现象严重到使波束向下传播至地球表面并向雷达发送回强信号，这种由于异常传播产生的回波会出现在雷达显示器上，可能误导雷达用户，让他们认为附近会发生实际上并不存在的风暴。相反地，雷达波束以偏离标准大气条件下的速率从地球表面离开的现象称为次折射。雷达用户很少会注意到这种现象，但这种现象可能发生在温度随高度增加迅速下降且相对湿度也随之增加的干燥地区。在美国西部暖季期间，使雷达波束发生次折射的大气条件十分常见。标准大气条件下，波束中心线高度（h）计算如下：

$$h = h_r + \sqrt{r^2 + \left(\frac{4}{3}a\right)^2 + 2r\frac{4}{3}a\sin\varphi^{①}} - \frac{4}{3}a \tag{1.3}$$

式中：h_r 为雷达天线的高度，近似等于雷达塔的高度值，km；r 为雷达距离，km；a 为地球半径，约为 6 371 km；φ 为雷达仰角，（°）（图 1.2）。图 1.2 显示了波束中心线高度如何随雷达距离的增加而增加。雷达波束中心线高度（和波束照射体积）随距离的增加而增加，使得采样位置位于云层的较高处，导致了降水量的估测偏差，这一点将在第 2 章详细说明。约有 80%的发射功率位于雷达波束主波内，“泄漏”到主波外旁瓣内的发射功率的大小取决于天线的设计（图 1.2）。一些电磁能量会被地面、附近建筑物和树木等反射，从而导致杂波污染。这些伪影与显著的后向散射能量有关，主要出现在雷达主波和旁瓣靠近地面且距离雷达较近的位置，可导致雷达信号的误释及提取的降水场的偏差。为了识别和筛选与大地杂波相关的雷达回波，目前已经开发出了许多算法。识别非气象条件回波最有效的技术依赖于双极化雷达数据，将在第 3 章对此进行详细讨论。

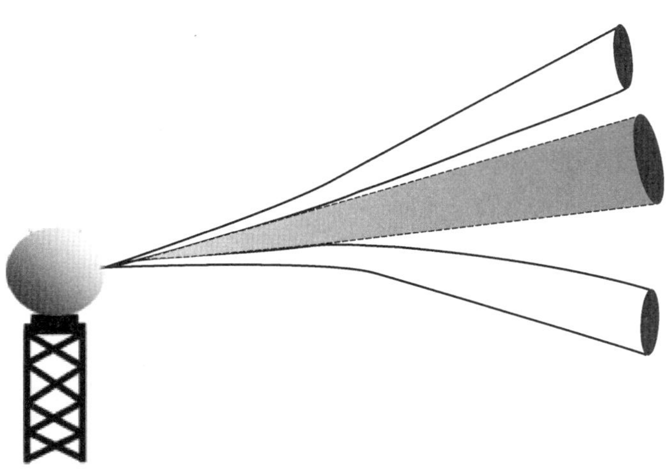

图 1.3　在不同大气条件下产生超折射和次折射的雷达波束

① 译者注：原著中为 ϕ_e，根据图 1.1，此处更正为 φ。

为了估测降水场的时空变化，雷达必须在多个方位角和仰角上发射与接收电磁能量。气象部门用于估测降水的雷达一般通过基座进行天线操纵（图 1.1）。旋转基座有两种基本操作模式：平面位置指标（plan position indicator，PPI）模式和范围高度指标（range height indicator，RHI）模式。PPI 模式保持仰角恒定，天线在方位角方向上旋转，在该模式中，雷达通过 360° 旋转进行监视扫描并得到一定角度的数据。而在 RHI 模式中，方位角保持恒定，仰角改变。RHI 模式可用于探测特定风暴，而 PPI 模式由于采用监视扫描的工作方式，更适用于气象降水估测。PPI 模式具备通过多仰角采集雷达数据的优势。其中，在最低仰角（如 0.5°）工作时，雷达波可能受到某些区域内地形、建筑物或树木的阻挡。此外，在较高高度进行数据采集也便于雷达获取更多的云层特性，这些云层特性往往与风暴深度、烈度、垂直水含量、垂直冰含量、水凝物类型、微物理过程等密切相关。

雷达基座的运动根据天线转速和体积扫描模式（volume coverage pattern，VCP）来调整。WSR-88D（VCP 11）用于估测降水的 VCP，如图 1.4 所示。在 VCP 11 中，天线转速为 16～26（°）/s，与此同时逐渐升高天线至图 1.4 中所示的仰角位置。VCP 11 能够在指定的 5 min 内完成 14 个不同仰角的完整体积扫描（volume scan）。尽管 WSR-88D 基座的最小/最大仰角存在-1°/60° 的机械限制，但基座的最大可操纵性将 VCP 11 所使用的最高仰角限制在 19.5°（图 1.4）。如果风暴在非常靠近雷达的地方（即在 10～15 km 内）发展或移动，风暴中部和上部的很大一部分将无法被观测到。这种靠近雷达的数据空白区域被称为静锥区，可能导致对风暴顶部高度的低估，使雷达严重指数呈现与实际不符的趋势（Howard et al.，1997）。位于山顶的雷达可采用负仰角对山谷进行低空监视（Brown et al.，2002）。此外，在基座允许的情况下，垂直入射（90°）扫描能有效校准雷达参数。

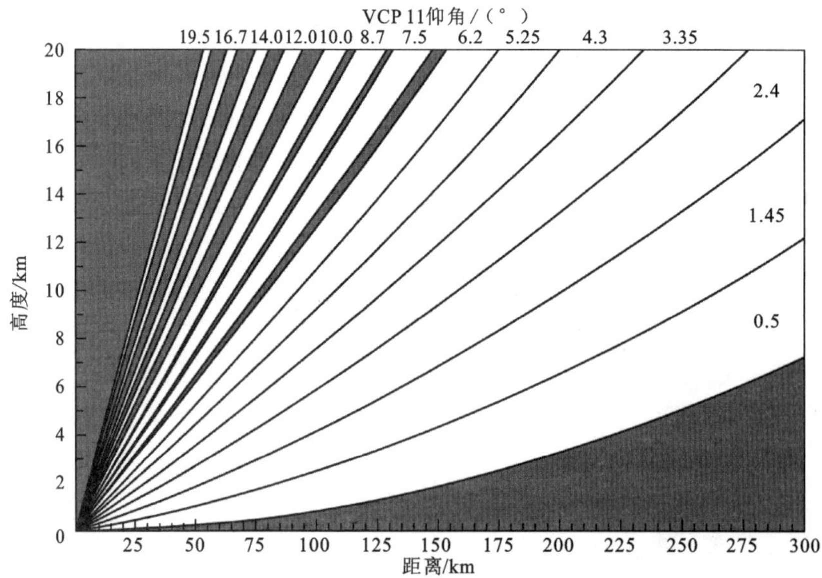

图 1.4 雷达波束中心线高度与 VCP 11 中用到的 14 个具体仰角之间的关系图

VCP 11 可以在 5 min 内完成，并且通常用于定量降水估测（quantitative precipitation estimation，QPE）

1.3 雷达脉冲

雷达在运行中使用调制器发射电磁能量离散脉冲，然后通过将接收到的数据离散化，把数据转换为探测体距离来进行“监听”，这一过程称为距离选通。考虑到脉冲抵达目标并返回到接收器的双向传播，雷达到目标的距离（r）的计算公式如下：

$$r = \frac{cT}{2} \tag{1.4}$$

式中：c 为光速（3×10^8 m/s）；T 为发射脉冲与接收到该脉冲的后向散射能量之间的时间，s。除能获取目标距离外，多普勒雷达的另一个优点是能检测目标速度的径向分量，通常称为径向速度（v_r），单位为 m/s。换言之，多普勒速度表示目标在靠近或远离雷达方向上的移动速度。就像观测火车一样，当火车驶近时，朝向观察者的速度的径向分量增加（除非观察者站在火车正前方）。因此，应将与火车汽笛或发动机相关的恒定声速添加到火车的移动速度中。当火车靠近站在轨道外的观察者时，进站火车的速度的径向分量增加，引起声波的有效频率增加，使得听到的声音音调变高。当火车经过时，火车速度的径向分量的符号由正变为负，因此需要从声速中减去。这使得火车汽笛声的频率下降，所听到的声音音调变低。假设火车能以声速移动，由于声波的有效速度将变成零，观察者在火车经过时将无法听到火车的声音。如同人耳一样，多普勒雷达使用相位检测器测量传输波的偏移，以上就是多普勒偏移或多普勒效应。多普勒速度是应用多普勒原理测得的目标物相对于雷达径向的速度，是雷达进行恶劣天气探测常用的物理量，如超级单体雷暴的旋转，而在 QPE 中应用较少。

雷达脉冲的特性决定了接收信号的雷达数据质量、分辨率、灵敏度和模糊度。脉冲重复频率（pulse repetition frequency，PRF）是指雷达每秒发射的脉冲数，单位是 s^{-1}。对于 WSR-88D，PRF 约为 1 000 s^{-1}。脉冲重复时间（pulse repetition time，PRT）是 PRF 的倒数，指的是从一个脉冲到下一个脉冲之间经过的时间。WSR-88D 的 PRT 约为 1×10^{-3} s。脉冲持续时间（τ）以 s 为单位，指传输单个能量脉冲所需的时间。脉冲长度（H）的单位是 m，指脉冲持续时间乘以光速后对应的长度。PRF 和脉冲长度十分重要，它们决定了接收信号的最大不模糊距离和速度，以及接收数据的灵敏度和分辨率。

由于雷达在固定位置发射多个脉冲，所以很难区分不同脉冲的后向散射信号，这会使接收信号产生距离模糊，并可能导致距离折叠，即多个距离出现相同的回波。雷达最大不模糊距离（$R_{\max}$）（单位为 m）的计算公式如下：

$$R_{\max} = \frac{c}{2\mathrm{PRF}} \tag{1.5}$$

其中，c 为光速，取 3×10^8 m/s；PRF 为脉冲重复频率，s^{-1}。根据式（1.5），通过减少 PRF，可以获得更大的最大不模糊距离，但使用低 PRF 会降低多普勒速度测量的质量。最大不模糊速度（$V_{\max}$）的单位是 m/s，其计算公式如下：

$$V_{\max} = \frac{\lambda\mathrm{PRF}}{4} \tag{1.6}$$

式中：λ 为雷达波长，m；PRF 为脉冲重复频率，s^{-1}。根据式（1.6），选择较低的 PRF 会降低最大不模糊速度。与因距离模糊引起的距离折叠问题类似，当超过 V_{max} 时，给定目标的多普勒速度被重置为 0。在某些情况下，速度会再次增加，直到再次达到 V_{max}。以上现象被称为速度折叠，可以在雷达图像后处理过程中进行一定程度的校正。既要选择能够产生合理的最大距离的 PRF，又要保证速度测量的质量，这就是多普勒两难。目前，使用多个 PRF 等可解决多普勒两难的问题。有关此类技术的细节，参见 Doviak 和 Zrnić（1985）及 Tabary 等（2006）。

除控制 R_{max} 和 V_{max} 的 PRF 之外，雷达脉冲的另一个特征是其脉冲长度。在选择脉冲长度时，需要平衡距离分辨率和灵敏度。距离分辨率（Δr，单位为 m）可使用以下公式计算得出：

$$\Delta r^{①} = \frac{c\tau}{2} \tag{1.7}$$

式中：$c=3\times10^{8}$ m/s；τ 为脉冲持续时间，s。短脉冲模式下，WSR-88D（$\tau=1.57\times10^{-6}$ s）的距离分辨率（即图 1.2 中距离波门的长度）为 250 m，对应的脉冲长度为 500 m。为区分出两个不同的目标，其间隔必须大于脉冲长度的一半。因此，距离分辨率是脉冲长度的一半。WSR-88D 还使用一种较长的脉冲（$\tau=4.7\times10^{-6}$ s），对应 750 m 的距离波门。长脉冲的优点是灵敏度提高了 3 倍，这使雷达能够探测到微弱的回波，如小雨或雪的回波。当雷达扫描扇形内没有强回波时，雷达可以使用低仰角、长脉冲的晴空模式进行工作。如果接收到的反向散射能量超过阈值，雷达将从晴空模式切换到使用短脉冲的降水模式。总之，当雷达观测到显著的降水时，高距离分辨率的优势将弥补灵敏度损失所产生的代价。

图 1.2 所示的是一个靠近雷达的距离波门和一个远离雷达的距离波门。这两个距离波门的距离分辨率（由所选择的脉冲长度决定）和波束宽度都是相同的。但波束扩散效果（效应）会导致测量体积随距离变化而产生极大的差异。测量体积（V，单位为 m^3）可使用以下公式近似计算：

$$V = \pi\left(\frac{r\theta}{2}\right)^2 \frac{c\tau}{2} \tag{1.8}$$

式中：r 为距离，m；θ 为波束宽度，rad；c 为光速（3×10^{8} m/s）；τ 为脉冲持续时间，s。当距离较近时，测量体积较小并且形状近似于一支铅笔；而当距离较远时，测量的形状更接近于一块厚度等于铅笔长度的“煎饼”。雷达波束的方位角的分辨率取决于雷达系统的旋转速度和处理能力。以 WSR-88D 为例，在方位角方向上的过采样会使得 0.5° 方位角对应的最大分辨率达到 250 m。

总之，配置发射雷达脉冲时需要考虑距离分辨率和灵敏度及最大不模糊距离和最大不模糊速度之间的平衡。较短的脉冲长度或信号传输持续时间会在距离坐标中产生较高分辨率的数据。但较高的距离分辨率会使从目标后向散射返回到雷达的功率相应较小。

① 译者注：原著为 r，此处更正为 Δr。

灵敏度的功率损耗与距离分辨率的增加成正比。雷达的 PRF 控制着在固定方位角和仰角下可区分出的不同回波所对应的最大范围。由于最大不模糊距离增加，PRF 较低的工作模式通常更适用于水文气象雷达。但低 PRF 会降低多普勒风场数据的质量。

1.4　雷达信号处理

雷达可发送信号并接收目标遇到信号后产生的后向散射能量。为了生产雷达产品，计算机必须处理这一信号。雷达在一个给定的距离波门上可收集大量样本，这些样本的独立程度取决于多项因素，这些因素决定了式（1.8）[①]中所述的测量体积、PRF、雷达波长、波束宽度、天线转速和被采样的水汽凝结体的同质性。图 1.5 显示的是在给定距离波门内用于创建多普勒频谱的单个样本。该频谱主模式的峰值功率对应平均接收功率，是多普勒频谱的导数，被称为雷达谱矩。峰值功率向右或向左偏移被称为多普勒偏移，对应速度的径向分量。频谱宽度量化了单个样本的速度变化，并且与水汽凝结体在波束内运动的均匀性相关。如果存在大量的湍流或风切变，则各个样本将出现显著的脉冲间变化，并将产生较大的频谱宽度。

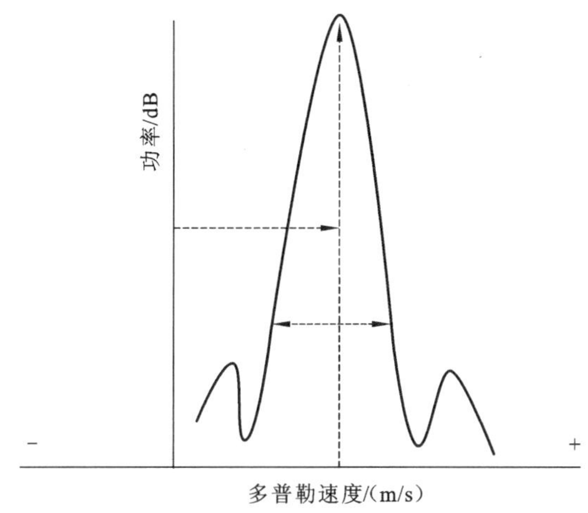

图 1.5　给定距离波门的多普勒频谱示意图

频谱主模式的峰值功率可用于计算反射率。该峰值功率向右或向左偏移被称为多普勒偏移，可用于推导速度的径向分量（即径向速度），并能通过分布宽度计算频谱宽度

该信号范围和接收功率决定着雷达反射率 Z，该因子用线性单位 mm^6/m^3 表示：

$$Z^{②} = \frac{\bar{P}_r r^2}{C|K|^2} \tag{1.9}$$

式中：P_r 为接收功率，W，上划线表示各样本的平均值；r 为到目标的距离，m；K 为散

① 译者注：原著中为式（1.7），此处更正为式（1.8）。
② 译者注：原著中为 Z_e，此处更正为 Z。

射粒子的折射率，量纲为一（冰为 0.2，水为 0.93）；C 为描述雷达工作特性的雷达常数，W/m，可展开为

$$C = \frac{\pi^3 c}{1\,024(\ln 2)} \frac{P_t \tau G^2 L \theta^2}{\lambda^2} \tag{1.10}$$

式中：π 为 3.141 59；c 为光速（3×10^8 m/s）；P_t 为峰值发射功率，W；τ 为脉冲持续时间，s；G 为天线增益，量纲为一；L 为信号衰减导致的损耗系数；θ 为波束宽度，rad；λ 为雷达波长，m。天线增益指天线聚焦发射能量的能力（相对于信号的各向同性传输）。雷达测量的反射率一般被称为等效反射率，因此以下标 e 表示。等效反射率与雨滴尺寸的关系如下：

$$Z_e{}^{①} = \int N(D) D^6 \mathrm{d}D \tag{1.11}$$

式中：D 为雨滴直径，mm；$N(D)$为数浓度，表示使用离散方程时 dD 间隔内的雨滴数量。式（1.11）采用线性单位 $\mathrm{mm}^6/\mathrm{m}^3$，该单位可表示每单位体积（$\mathrm{m}^3$）的雨滴直径（通常为 mm）。以线性单位表示的反射率可跨越多个数量级，因此能方便地以反射率分贝或 dBZ 为单位进行表示：

$$\mathrm{dBZ} = 10\lg Z \tag{1.12}$$

如式（1.9）和式（1.11）所示，雷达测得的 Z_e 与雨滴数浓度及其直径有关，是计算雷达探测体内水体积或质量所需的主要信息，这是雷达降水估测的基础依据。但首先我们必须做出一些假设才能实现这一目标。

让我们先来了解雷达测量的等效反射率。雷达测量的是探测体内降水的后向散射截面。首先，这些雨滴颗粒必须是均匀散布在整个探测体中的瑞利散射体。反向散射能量的大小取决于颗粒的尺寸、形状、状态和浓度。颗粒的大小与雷达波的极化有关，如果是水平极化雷达，这意味着该雷达测量的是颗粒的水平分量或雨滴直径。颗粒形状会影响后向散射能量，当雨滴较小且直径小于 0.5 mm 时，雨滴近似为球形。但随着体积的增加，它们会因为重力加速度而开始下降。雨滴在达到平衡前会受到与重力方向相反的摩擦力的作用，这将决定雨滴的最终下落速度。如同跳伞运动员从飞机上跳下一样，他们在开始下落时首先会感觉到重力，但很快就会受到下方的摩擦力的影响，衣服会翻起并发出风声。对于雨滴而言，这种阻力会让它们变成扁球形，使得它们的水平尺寸（或半长轴长度 a）大于它们的垂直尺寸（半短轴长度 b）。从这个意义上说，当水滴变大时，它们更接近一个圆盘。不同直径的雨滴形状如图 1.6 所示。

后向散射粒子的物理状态或相位也会对 Z_e 造成影响。当温度低于冰点温度（即冰颗粒在空间上所处的高度高于凝固高度）时，冰颗粒较小且保持原样，这意味着它们不会利用其他颗粒聚集或生长（图 1.6）。当冰颗粒下落并开始融化时，它们会被水覆盖，并且其介电特性更接近于水。水的介电常数比冰高，随着融化的进行，水滴也会因为本质上的黏性而聚集在一起。这导致冰颗粒在开始融化之前就有一个明显的反射率急剧增加的区域，被称为雷达亮带。随着融化的继续，被水覆盖的雪花会变成雨滴。与雪花相比，

① 译者注：原著中为 Z，此处更正为 Z_e。

其水平横截面 D 减小，而且下落速度更快。由于下落速度较大，其数浓度较小。根据式（1.11），$N(D)$和 D 降低至融化层以下，Z_e 减小。

图 1.6　地面雷达扫描的产生降水的层状云

雷达在高空对反射率较低的原始冰颗粒进行采样。当这些水汽凝结体下落时，它们会遇到融化层。当它们融化时，由于表面被水覆盖而聚集，对雷达的反射能力增强。当继续下降时，它们会完全融化成扁球形的雨滴。在融化层以下，反射率会降低且不随高度而变化，直到雨滴到达地面。若雷达波束遇到阻碍，则只能在很近的地点获得地面降水的代表性样本

式（1.11）表明，Z_e 取决于 $N(D)$和 D。但常规天气下雷达无法独立测量这两个参数，只能测量它们的组合效应。为解决这个问题，必须对雨滴粒径分布（drop size distribution，DSD）做出假设。可以用标准化伽马分布来确定 DSD：

$$N(D)=N_{\omega}f(\mu)\left(\frac{D}{D_0}\right)^{\mu}\mathrm{e}^{\left[-(3.67+\mu)\frac{D}{D_0}\right]} \tag{1.13}$$

式中：D_0 为雨滴等体积直径的中位数，mm；N_{ω} 为标准化浓度，mm，计算公式为

$$N_{\omega}=\frac{(3.67)^4}{\pi\rho_{\omega}}\frac{10^3 W}{D_0^4} \tag{1.14}$$

其中：ρ_{ω} 为水的密度，取 1 g/cm^3；W 为雨水含量，g/m^3。N_{ω} 可认为是与伽马函数表示的雨水含量相同的指数分布曲线在 $N(D)$轴上的截距。而形状参数函数 $f(\mu)$的定义是

$$f(\mu)=\frac{6}{(3.67)^4}\frac{(3.67+\mu)^{\mu+4}}{\Gamma(\mu+4)} \tag{1.15}$$

根据式（1.13）～式（1.15）可知，若形状参数 μ 为 0，则 DSD 可以简化为指数分布。

为计算雨水含量，必须对图 1.6 所示的雨滴形状的扁平度进行建模。目前已提出了几种将雨滴的短半轴长度 b 与长半轴长度 a 的比值（即雨滴纵横比）与等体积球形直径 D（mm）相关联的模型。Gourley 等（2009）测试了几种雨滴形状模型，认为 Brandes 等（2002）的雨滴形状模型最为准确。该模型表示如下：

$$\begin{aligned}\frac{b}{a}=&0.9951+2.51\times10^{-2}D-3.644\times10^{-2}D^2\\&+5.303\times10^{-3}D^3-2.492\times10^{-4}D^4\end{aligned} \tag{1.16}$$

如图 1.7 所示，如果 D<0.5 mm，b/a 被设置为定值，可用于表示非常小的球形雨滴。基于以上模型及假设，通过对 DSD 及雨滴尺寸与形状关系的描述，可根据反射率测量值计算降水量。

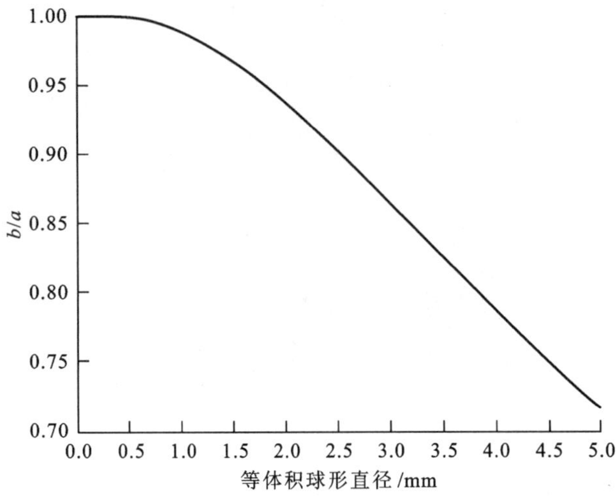

图 1.7　基于 Brandes 等（2002）的雨滴形状模型建立的雨滴 b/a 与等体积球形直径的函数关系

问 题 集

1. 什么是多普勒两难？请描述该问题的解决方案。

2. 假设想观察一个距离为 100 km、高度为 1 000 m 的目标，应该使用什么仰角？如果目标高度为 100 m，该如何改变仰角？请讨论选项和硬件限制。

3. 假设在某一降水事件中，雨滴按照统一尺寸和下落速度（D=1 mm 和 v=5 m/s）降落，且密度为 15 滴/m^3，则降水强度为多少（单位为 mm/h）？

参 考 文 献

Brandes, E. A., G. Zhang, and J. Vivekanandan. 2002. Experiments in rainfall estimation with a polarimetric radar in a subtropical environment. *Journal of Applied Meteorology* 41: 674-685.

Brown, R. A., V. T. Wood, and T. W. Barker. 2002. Improved detection using negative elevation angles for mountaintop WSR-88Ds: Simulation of KMSX near Missoula, Montana. *Weather and Forecasting* 17: 223-237.

Doviak, R. J., and D. S. Zrnić. 1985①. *Doppler Radar and Weather Observations*. Academic Press, 458 pp.

Gourley, J. J., P. Tabary, and J. Parent-du-Chatelet. 2006. Data quality of the Meteo-France C-band polarimetric radar. *Journal of Atmospheric and Ocean Technology* 23: 1340-1356.

① 译者注：原著中为 1993，此处更正为 1985。

Gourley, J. J., A. J. Illingworth, and P. Tabary. 2009. Absolute calibration of radar reflectivity using redundancy of the polarization observations and implied constraints on drop shapes. *Journal of Atmospheric and Ocean Technology* 26: 689-703.

Howard, K. W., J. J. Gourley, and R. A. Maddox. 1997. Uncertainties in WSR-88D measurements and their impacts on monitoring life cycles. *Weather and Forecasting* 12: 167-174.

Tabary, P., F. Guibert, L. Perier, and J. Parent-du-Chatelet. 2006. An operational triple-PRT Doppler scheme for the French radar network. *Journal of Atmospheric and Ocean Technology* 23: 1645-1656.

第 2 章

雷达定量降水估测

全球许多气象机构都在使用气象雷达网，这改变了它们监测和预警恶劣天气的方式。原来的人工预报和气候反应系统已被自动观测与预测天气影响系统替代。气象雷达网大大减少了生命和财产损失，因此值得安装和维护这一观测网络。这一观测网络还被用于定量降水估测（quantitative precipitation estimation, QPE）。但气象雷达参数的定量使用要求最为苛刻，因此需要谨慎处理并考虑误差才能将雷达信号转换为有效的降水强度估测值。

在雷达技术出现之前，人们使用地面雨量站测量降水。地面雨量站种类繁多，包括需要观测者读数的简单收集容器、称桶式地面雨量站、翻斗式地面雨量站、声学装置、热板和热球，以及针对单个雨滴的激光和视频测量计。每种地面雨量站都有自己的优点、成本、维护方案、电力和通信要求及误差源，但所有地面仪表在表示空间降水模式时都会有一个共同的问题，而且这一问题会给测量极端降水和地形性降水这两种通常以强空间梯度为特征的降水带来麻烦。气象雷达在水文学研究中的最大优点在于它能以高时空分辨率（即 1 km/5 min）实时估测约 250 km 雷达半径范围内的降水量。下面将解释如何使用常规雷达测量反射率并获得具有不确定性的降水强度估测值。

2.1 雷达校准

雷达的校准对降水强度的测量精度有很大的影响。仅 1 dB 的校准误差就会导致 15% 的降水强度偏差。Atlas（2002）概述了几种雷达校准方案，比如可以通过向接收器输入已知的发射信号来校准接收器。但这种“工程方法”未考虑因发送和接收而引起的组合误差。可使用在雷达视场内具有已知散射特性的反射目标对发送和接收元器件进行联合校准，该目标必须悬浮或腾空，因此会给由几十个甚至一百多个雷达组成的大型雷达网络带来挑战。此外，雷达校准可能会逐渐出现偏移，因此需要定期将雷达定标球放在雷达的前面。

地面雨量站是一种主要用于测量降水的雨滴粒径分布（drop size distribution，DSD）的仪器。由于它可以测量单个雨滴的直径，所以还可以测量雷达反射率 Z[式（1.9）①]。可以将这些地面测量值与雷达在雨中测量到的 Z_e 进行比较，从而确定由雷达校准错误引起的偏差，参见 Joss 等（1968）。但典型雷达像元和地面雨滴测量孔口之间的样本体积相差约 8 个数量级（Droegemeier et al.，2000）。此外，雷达在雨滴测量器上方某一高度对降水进行采样（取决于仪器与雷达的距离、仰角差和波束传播路径），被测雨滴进入雨滴测量器前将出现时空滞后。这种滞后取决于风速、雨滴的下落速度及测量值之间的高度差。如果该滞后过大，那么在雨滴到达地面时，雷达测量值 Z 的特性可能会因融化、碰撞-聚结和雨滴破碎等微观物理过程而改变。Gourley 等（2009）在加利福尼亚（California）的水文气象实验台的实验中，使用一个量程为 11.5 km 的雨滴测量器评估移动雷达的校准情况，该雨滴测量器和雷达测得的 Z 值存在偏差，平均偏差为 6.8 dB，标准偏差为 1.3 dB，可在之后进行校正以计算降水强度估测值。注意，在实验之前，已通过将已知信号输入雷达接收器对雷达接收器进行了校准。显然，这种“工程方法”不足以对发射器和接收器进行联合校准。尤其是在野外实验环境中，可使用雨滴测量器校准单个雷达，但通常无法使用雨滴测量器校准大型雷达网络。

雷达估测的降水空间图通常需要使用多个雷达的数据计算得出。即使雷达相互之间的校准误差在 0.5 dB 以内，如果在降水估测算法中切换使用一个雷达与其相邻雷达的数据，也常常会出现数据中断线或雷达伪影。这些伪影在每日积累值等长期累积降水量中最为明显。在降水估测算法中可通过在相邻雷达之间空间插入或修匀数据来解决这一问题。另一种方法是在这些等距线上比较来自相邻雷达的在雨中的 Z 值，从而确认相对校准差异。不同于现场数据，这种相互比较遥感观测的方法经证明非常适合用于校准雷达网络（Gourley et al.，2003）。Bolen 和 Chandrasekar（2000）将雷达空间测量值 Z 与新一代雷达（next generation radar，NEXRAD）进行比较，识别校准错误的雷达。该方法的优点是可以对比相似雷达探测体积的测量值，并且通常会出现大量匹配数据对。但此类

① 译者注：原著中为式（1.10），此处更正为式（1.9）。

对比揭示的是相对校准差异，无法明确识别哪个雷达校准错误。在热带降水测量任务（Tropical Rainfall Measurement Mission，TRMM）和全球降水测量（Global Precipitation Measurement，GPM）任务中，可以将地面雷达网络的相对 Z 差与星载雷达测量的 Z 差进行互补。星载雷达本身可能无法进行有效校准，但该雷达十分稳定，可以穿越许多不同雷达覆盖的区域。通过将所有地面雷达在雨中测得的 Z 值与相邻雷达及来自星载雷达的稳定校准值进行对比，可以“实现平衡”，从而有效校准所有雷达。

2.2 质量控制

由于 Z 数据已根据雷达校正错误进行了偏差校正，这个过程可能需要对数小时甚至数天的降水进行大样本对比，所以必须仔细检查每一个雷达探测体的数据，排除地面上的非气象散射体、大气中的生物群、飞机、箔条等不利影响。请记住，雷达最初用于探测海面上的飞机、船只和潜艇，因此气象雷达能够看到许多非气象目标并不奇怪。一些研究者将自己的大部分职业生涯都投入到滤除雷达大地杂波这一单一课题中，这足以证明该项任务的难度。本书不可能对每一种排除非气象回波的算法进行全面的回顾，本章将介绍一些基本的方法。

2.2.1 信号处理

第一级屏蔽发生在频谱级别，即在反射率估测阶段之前。雷达会在一个给定的距离范围内测量几个独立的样本。如果样本与无多普勒频移相关，即径向速度为零，则表示该样本可能是地面上的静止物体或建筑物。水汽凝结体由于随风下降并水平移动而达到多普勒速度。此时，仅仅滤除无多普勒频移的所有回波似乎没有作用。但即使风来自一个统一的方向，也将出现一根表示径向速度从负变为正的线，这条线被称为零等速线。如果是南风，则雷达南面将出现负径向速度（朝靠近雷达的方向移动），在北面将出现正径向速度（朝远离雷达的方向移动），而在东面和西面将出现零速度。如果滤波器要滤除无多普勒频移的所有回波，则沿零等速线的雷达东部和西部回波将被误滤除。

相反，有许多非静止的非气象目标。鸟类、蝙蝠和昆虫等大气中的所有生物通常都在飞行并受到盛行风的影响。甚至有一些地面目标，如树木和风车等也出现非零速度。树叶在风中飘动，树干也在轻轻摇晃，即使是这种小幅度的运动也会被雷达探测到。近期发展迅速的风力发电场成了大量具有运动部件的地面目标。它们通常被建造在暴露的山脊上，因此处于附近雷达的视场内，此类目标给质量控制程序带来了重大挑战。由于必须仔细检查雷达周围的每一个探测体，所以必须开发、调整和实现能够筛选出非气象回波的自动算法。大地杂波的第一个表现就是在远离零等速线的区域中出现具有零多普勒速度的回波。这些回波在频谱级别的处理中最为明显，之后会被滤除。

2.2.2 模糊逻辑

必须采用算法区分非气象回波和气象回波。置于变量上的简单阈值、应用于决策树逻辑中的多个变量阈值、模糊逻辑、神经网络及这些因素的同时存在，令此类算法变得复杂。模糊逻辑算法包含来自具有不同权重的多个变量的信息，并且不易受到由测得变量中的噪声导致的错误分类的影响，因此非常适合用于雷达观测。本节将介绍普通的模糊逻辑算法设计。来自极化雷达的其他变量将在第 3 章介绍。

模糊逻辑算法适合用于不完美的测量。当必须对无法通过可测数据完全理解或解释的过程做出决策时，需要使用此类测量。非气象散射体具有几个可识别的雷达特征，如零速度等，但没有可以明确区分气象和非气象散射体的单一变量。模糊逻辑算法会考虑多个雷达观测结果，因此单个变量（可能是噪声）的影响被最小化。模糊逻辑算法成功的关键在于其隶属函数的设计。隶属函数能够利用来自观测、理论或模拟的定性和/或定量信息。此类函数通过描述变量值范围帮助人们做出决策。

Zrnić 等（2001）提出的隶属函数为梯形，而 Liu 和 Chandrasekar（2000）所描述的隶属函数中有连续可微的β函数。Gourley 等（2007）使用高斯核密度（Silverman，1986）导出的隶属函数完全基于雷达观测。首先，识别几个小时中没有降水，但有来自附近建筑物、树木等明显大地杂波的观测情况。然后，计算出描述大地杂波中每个雷达的变量典型值范围的函数：

$$\hat{f}(x)=\frac{1}{\sigma\sqrt{2\pi}}\sum_{i=1}^{n}\mathrm{e}^{-\left[(1/2)\left(\frac{X_i-x}{\sigma}\right)^2\right]} \tag{2.1}$$

式中：$\hat{f}(x)$为密度函数；σ为修匀参数或带宽；n为数据点总数；X_i为该变量的第 i 次观测值；x为自变量。带宽控制函数的修匀度，可使用 Silverman 法则（σ=1.06SD$n^{-1/5}$）进行估测，其中 SD 指原始数据分布的标准偏差。使用高斯核相当于在每个数据点的顶部绘制一条高斯曲线，然后使用叠加原理将所有单个函数相加。

图 2.1 说明了如何为每个单独的数据点（用“＋”号表示）生成单独的高斯曲线，

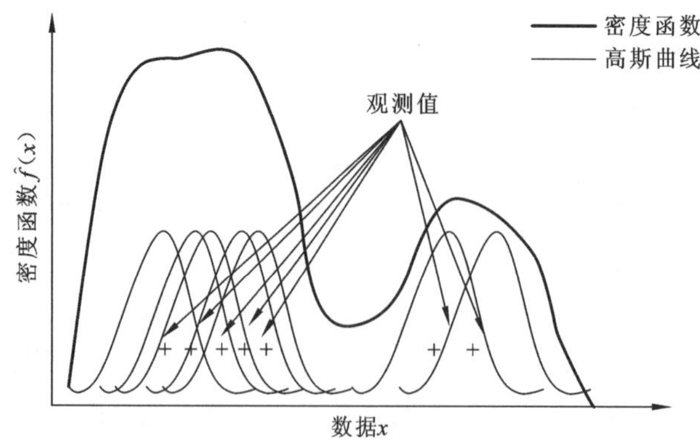

图 2.1　使用高斯曲线的高斯核密度估测

沿 x 轴为每个观测数据点绘制高斯曲线。线性叠加每条曲线，得出最终的密度函数对所有数据点重复该过程。在将曲线相加并归一化之后，产生密度函数 $\hat{f}(x)$ 。

密度函数可以是非线性的，该函数可以具有多个模式并且连续可微。可以简单地认为其是对数据直方图的修匀拟合。为正常使用模糊逻辑算法，需要为所有类别的雷达变量生成密度函数。雷达变量的类别是预测对象，或者说是采用算法来识别的对象。为了区分水汽凝结体和非水汽凝结体，应选择纯降水（无非气象散射体）和仅有非气象散射体的情况进行讨论。

除在模糊逻辑算法中加入雷达测量的标准变量之外，还需要考虑它们的时间和空间导数，这是因为非气象雷达观测在空间上可能是不连续的和有噪声的，但在时间上是一致的。应将来自建筑物的理论 Z 值与单个对流风暴的理论 Z 值进行比较。该建筑物的反射性非常强，可能接近强雷暴单元，但这些高值在时间上具有相当高的一致性（该建筑物不移动）。此外，紧邻建筑物的探测体可能具有非常低的 Z 值。另外，由于水汽凝结体快速上升、下降或横向对流，雷暴的 Z 值将出现较大的时间变化。此外，强雷暴通常会水平延伸至少几千米，有时甚至可以延伸几十千米。σ 变量通过计算给定距离波门处相邻脉冲之间的 Z 的平均绝对差来测量反射率的时间一致性（Nicol et al.，2003）。大地杂波之类的静止目标更有可能出现较小的变化（<5 dB）。与时间的稳定性相反，雷达变量如果出现极大的空间变化，则可能表示非气象散射。均方根差是用于评估雷达变量空间变化的计算导数，而更常用的导数是纹理函数。纹理场可用于评估给定变量（y）在用户可选（$m\times n$）窗口内的空间变化，计算方法如下：

$$\text{Texture}(y_{a,b}) = \sqrt{\frac{\sum_{i=-(m-1)/2}^{(m-1)/2} \sum_{j=-(n-1)/2}^{(n-1)/2} (y_{a,b} - y_{a+i,b+j})^2}{mn}} \tag{2.2}$$

式中：a 和 b 为距离波门的方位角和距离；m 和 n 分别为以距离波门为中心的方位角和距离方向上的像元数量。在处理雷达原始数据时，务必注意雷达测量体积随距离的增加而增加。因此，由于评估空间变化的区域明显更大，降水中的纹理变量自然会随距离的增加而增加。

模糊逻辑算法的下一步是计算每个距离下探测体的聚合值（Q）。给定类别的聚合值表示在同时使用雷达变量及其导数情况下的识别强度，其计算公式如下：

$$Q_i = \frac{\sum_{j=1}^{n} \hat{f}(x)_j \times W_j}{\sum_{j=1}^{n} W_j} \tag{2.3}$$

其中，使用第 j 个变量和导数字段对每个第 i 类别进行求和。一些模糊逻辑算法使用乘法方法而不是式（2.3）中所示的聚合方法。使用乘法方法的缺点在于，如果给定类别的单个隶属函数中的隶属度值为零，将禁止分配该类，即使测得的变量有误差或有噪声也不例外。因此，聚合方法更适合用于遥感观测。可通过 Cho 等（2006）最初提出的方法客观确定每个雷达变量 W 的加权。

图 2.2 所示的是两个假设的密度函数：其中一个密度函数能够量化给定雷达变量的

数据分布，用于非水汽凝结体；另一个密度函数用于水汽凝结体。根据两个密度函数之间的重叠程度计算该特定变量的权重，并且其与灰色阴影区域的面积成反比。如果两个密度函数完全重叠，则意味着该雷达变量在遇到降水和大地杂波时的值相同，那么这个变量的权重为 0。如果两个密度函数之间几乎没有出现重叠，则表明雷达变量本身是一个有效的鉴别器并获得很大的权重。如果两个密度函数之间完全没有重叠，则权重变为无穷大。在模糊逻辑算法的公式中，这似乎存在问题。如果两个密度函数之间不存在重叠，则表明该变量是一个完美的鉴别器，而且就像在决策树逻辑中一样，只要在该变量上设置一个阈值就足以进行鉴别。

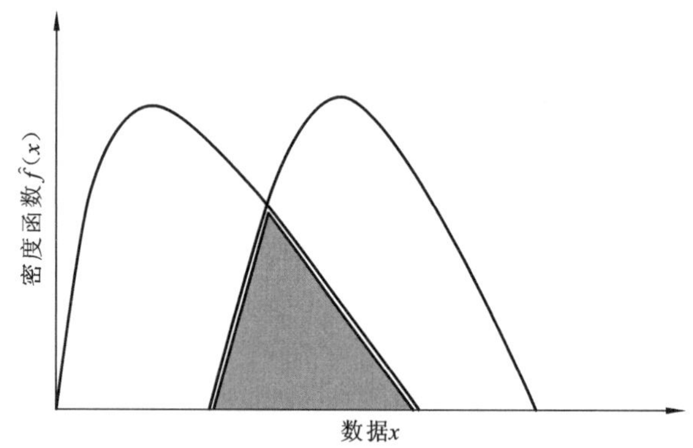

图 2.2　两个密度函数

灰色阴影部分为重叠区域。这说明了两个不同类别的雷达观测结果如何在分布不同的情况下出现重叠

重叠区域面积的倒数被用于模糊逻辑算法中以量化该特定雷达变量具有的权重。如果有小型重叠区域，则表明该变量是该类别的一个有效鉴别器，该雷达变量将获得很大的权重。

模糊逻辑算法中的下一步是确定最大 Q_i 值（每个类别）。在这一点上，可以通过比较 Q_i 的值来计算分类强度或进行不确定性估测。如果 Q 值相互接近，则表示分类强度弱，并且最终的类存在高度不确定性。模糊逻辑算法中的最后一步通常会使用去斑算法来创建具有空间一致性的场，如在给定像元的周围检查相邻分类。在降水中，极少会出现一个被识别为降水且被非气象散射体包围的像元。因此，应使用去斑滤波器检查此像元，然后鉴于其孤立、非物理实际行为而将其重新分配至非气象类。

2.3　降水强度估测

描述雷达采样体积内水汽凝结体大小、形状、状态和浓度的校准反射率值可用于计算降水强度。如果雷达附近没有波束遮挡，则应将最低仰角（NEXRAD 仰角为 0.5°）下测得的反射率用于 QPE。在地形复杂的地区，应选择多个仰角的探测体来构建用于 QPE 的混合扫描。

图 2.3 所示的是如何基于两个规则构建混合扫描：①波束中心必须与下方地形相距 50 m 以上；②同一仰角探测体与雷达之间的波束遮挡率必须小于 60%。我们可以看到，如果雷达附近有一座高山，则障碍物以外的所有距离的探测体在低仰角下可能都无法产生可以使用的数据，仍应从距离较近的区域中遮挡率小于 60%的探测体获取数据。但每增加 10%遮挡率，将使每个测得的 Z 值增加 1 dB（20%遮挡率增加 2 dB，依此类推）。请注意，应使用数字高程模型（digital elevation model，DEM）计算障碍物。该 DEM 不包括人为因素，如塔和结构物等，也不包括植被冠层。位于雷达附近的树的高度可能会引起非常明显的遮挡，因此需要人工校正混合扫描。在创建混合扫描查询表后，对于给定地点，除非雷达附近的建筑物、塔或树木出现明显变化，查询表通常固定不变。在构建基于 DEM 的混合扫描之后，可根据数据的长时间序列累积值来探测大范围层状降水。如果存在遮挡，则得到的累积图会出现伪影，比如在方位角方向上出现明显的不连续性，此类伪影可通过手动编辑混合扫描查询表来进行消除。

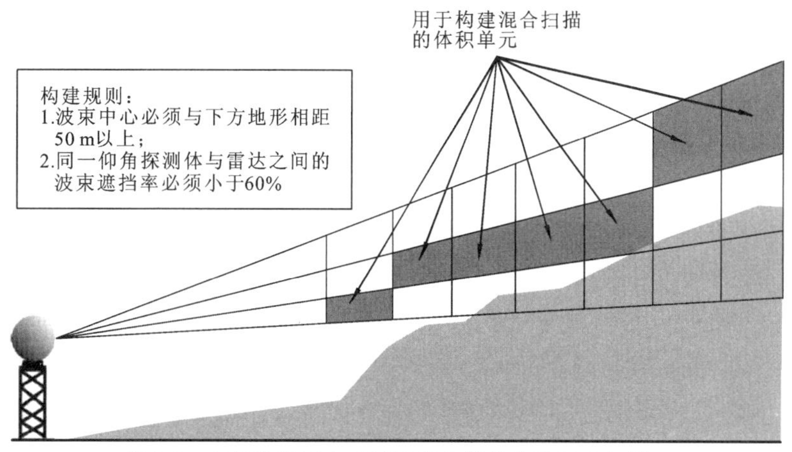

图 2.3　在复杂地形上可使用多个仰角构建混合扫描

混合扫描反射率用于计算球面坐标（距离、方位角）中的降水强度二维场。反射率与降水强度的关系或 Z-R 关系的幂律法则如下：

$$Z = aR^b \tag{2.4}$$

式中：R 为降水强度；a 为前因数；b 为指数。两个最常见的 Z-R 关系是 NEXRAD 对流的默认关系（a=300，b=1.4）和通常应用于层状降水的 Marshall-Palmer 关系（a=200，b=1.6）。Marshall-Palmer 关系（Marshall and Palmer，1948）来自具有固定斜率和参数的指数 DSD。在式（2.4）中，Z 以线性单位（mm^6/m^3）为单位，R 以 mm/h 为单位。这一幂律法则关系也可用于计算降雪强度。雷达的雪水当量（snow water equivalent，SWE）是估测变量，而不是雪深度。SWE 取决于雪的密度，雪的密度随温度和湿度而变化。事实上，温度还可能影响 SWE 估测的 Z_e-R_s（R_s 为降雪强度）参数。目前已有用于特定地理区域、季节、风暴生命周期、水文气象类型、DSD 等降水量和 SWE 估测的大量参数 a 和 b。在 2.7 节将继续讨论 Z-R 关系中的误差。

2.4 反射率因子垂直廓线

假设所有非气象回波都已成功滤除，Z 在 1.0 dB 内得到有效的校准，并且 Z-R 关系的参数能够产生精确的降水强度，则雷达测量体积和波束中心线高度必将随雷达距离的增加而增加。这会产生由距离引起的误差。通过使用观测到的或模拟的降水垂直结构进行校正，可以在一定程度上减少与距离有关的误差，尤其是偏差。更简单的一种方法是将降水强度调整为距离函数。但如果一个区域存在波束遮挡并且混合扫描由随着方位变化的不同仰角组成，则这种简化就会产生问题。在不同方位角下，雷达与目标的距离可能相同，但波束中心线高度完全不同。

更好的办法是使用一个描述风暴的反射率因子垂直廓线（vertical profile of reflectivity，VPR）模型来量化反射率随高度的变化。该 VPR 模型可用于校正与采样高度和距离相关的误差，即偏差。它允许调整雷达在给定高度和距离内测量的 Z 值，以便更准确地表示在表面发生的事情。已有许多方法可识别 VPR，包括从立体雷达数据重建（Kirstetter et al.，2010；Germann and Joss，2002；Borga et al.，2000；Seo et al.，2000；Vignal et al.，1999；Andrieu et al.，1995；Andrieu and Creutin，1995）和用参数描述 VPR 或为 VPR 建模（Kirstetter et al.，2013a；Matrosov et al.，2007；Tabary，2007；Kitchen et al.，1994）。

本节将说明一般校正程序。图 2.4 展示的是对流降水和层状降水的一般 VPR 模型。层状降水是最基本的风暴偏析级别。对流风暴具有更大的上升气流速度（在 10 m/s 量级

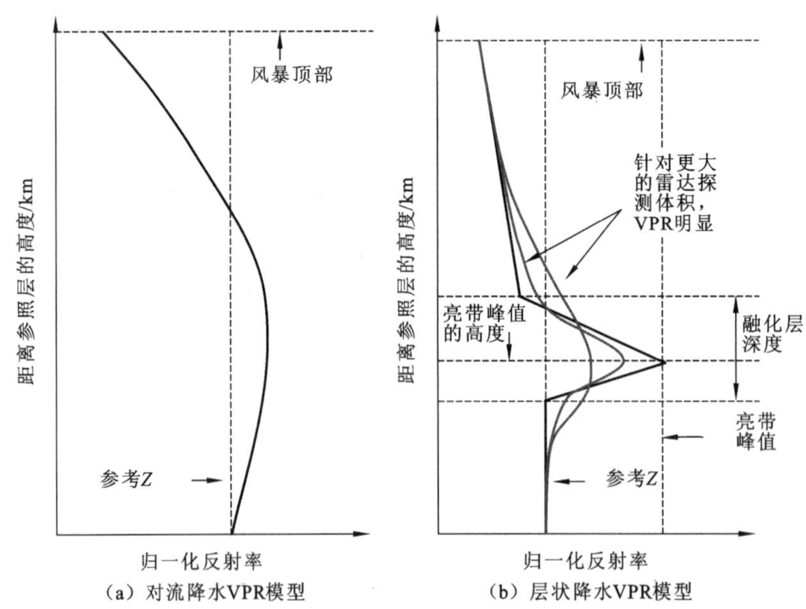

图 2.4 对流和层状回波的 VPR 模型

这些模型可由图中文字标识的参数进行构建，灰色曲线对应距雷达较远处的雷达采样 VPR，这表示由波束展宽引起的平滑效应

上，在超级单体中它可能会十分强，上升气流速度达到 50 m/s），并且在暖季期间更频繁地发生在陆地上。此类风暴的高度很高，通常可以到达对流层，并且其与电的活动有关，会产生更大的降水强度。

另外，层状降水系统更常用于寒冷季节的陆地上空，也在中尺度对流系统中用于跟踪对流。层状降水具有较低的上升气流速度（达 1 m/s），其范围往往更广，并导致降雨（和降雪）强度的减弱。图 2.4 中的对流降水 VPR 模型表明，其廓线更接近垂直，这意味着反射率不会随高度的变化而发生很大的变化。在高空（如 5 km）采集的反射率样本可以近似代表地面的降水量。在许多情况下，对流风暴的 VPR 校正会引起被其他不确定性所掩盖的轻微校正，如从 Z 到 R 的转换。

VPR 校正更适用于层状降水。图 2.4 显示在雨区反射率随高度变化而产生的变化很小。之后，反射率在亮带中显著增加。当使用在亮带内得到的未校正测量值时，降水量被高估 10 倍（Smith，1986）。随着高度的增加，原始冰区的反射率再次下降。图 2.4 中的 VPR 模型使用以下参数描述了层状反射率的垂直变化：①融化层的深度；②亮带峰值的高度；③亮带峰值；④从亮带峰值高度到融化层顶部的反射率减小值；⑤从融化层顶部到风暴顶部的反射率减小值；⑥风暴顶部高度。这些参数可以使用立体雷达数据、气候雷达数据，甚至来自数值天气预报（numerical weather prediction，NWP）分析和无线电探空仪观测的高空数据进行估测。创建垂直结构模型后的下一步就是考虑波束展宽。由于距离增加对测量体积产生了影响，雷达观测到的是修匀后的实际 VPR。图 2.4 以灰色曲线表示其中两个明显的 VPR。由于探测体积随距离的增加而增加，所以垂直方向上对数据进行修匀或平均所得到的值也会随之增加。可以使用叠加在 VPR 模型上的式(1.7)来估测明显的廓线。

接下来，校正在某一高度用雷达测得的反射率，使其成为地面或非常接近地面处的参考反射率值。该方法使用原理更为直观的 VPR 模型，而该 VPR 取决于该距离内的雷达探测体积，并根据式（1.3）估测波束中心线高度。这些因素和 VPR 模型确定了在融化层附近进行测量所需的反射率减少量和在融化层上方进行测量所需的反射率增加量。一般情况下，校正存在垂直极限。层状降水往往比对流风暴浅得多，因此校正范围极其有限。当雷达波束超过风暴顶部高度并定义了有效的雷达 QPE 最大测量范围时，就会发生过调。

VPR 校正是为了减少与距离相关的系统性偏差。不具代表性的 VPR 会引起随机误差。许多气象情景会导致 VPR 随空间和时间的变化而变化，因此不具有代表性。Gourley 和 Calvert（2003）及 Giangrande 等（2008）发明了亮带反算法，然后证明了亮带 6 h 内的海拔变化高达 2 km。如果有强温度梯度（如冷锋附近），融化层可能会出现十分显著的空间变化。融化层也由于地形引起的上升气流的绝热冷却和融化引起的上升气流的非绝热冷却而下降，所以我们预计在山脉迎风坡上的融化层高度较低（Minder et al.，2011）。该 VPR 的代表性误差可能因雷达无法观测到低空地形降水强度的增加而被放大。因此，地形效应会影响 VPR 的空间变化及反射率在低高度时的增加幅度。尽管如此，VPR 校正方法可用于减少与距离相关的偏差，因此建议在层状降水中用该方法估测降水量。

2.5 地面雨量站校正

地面雨量站可对某一地点的降水量进行有效测量。因此，尽管它们与雷达探测的采样体积有很大的差异，这些地面雨量站对于评估和改进雷达 QPE 是必不可少的。地面雨量站分为许多不同的类型，包括称桶式地面雨量站，翻斗式地面雨量站，热板、激光和视频雨滴测量计。请注意，每种地面雨量站都会产生特有的误差（Ciach，2003；Nystuen，1999；Legates and Deliberty，1993；Marsalek，1981；Wilson and Brandes，1979；Zawadzki，1975）。如果风无法吹动地面雨量站，则此类仪器会扰动风场，导致数据量采集不足。

其他误差与地面雨量站本身的特性有关，如大雨时的飞溅和对极小降水量缺乏敏感性（即降水量不足以使桶倾斜，难以记录测值）。此外，还必须对这些仪器进行定期校准和维护，尤其是仪器周围有大量植物、鸟类和昆虫聚集的场所时。但目前此类仪器最大限制在于无法充分代表雨场的空间和时间变化，除非覆盖的是范围小且非常密集的网络。而这是雷达测量的最大优点。

在给定地点，地面雨量站的测量质量通常高于基于雷达的降水估测。因此，它们可以用于评估雷达 QPE 并对其进行近乎实时的校正。使用地面雨量站校正雷达 QPE 的两种常用方法是：①平均场偏差校正；②空间变化偏差校正。平均场偏差校正将每小时地面雨量站的估测值与并置的雷达照射范围（或照射范围的邻域）匹配，然后对该小时的雷达 QPE 进行求和，即 $\sum R$，并与地面雨量站估测值的和 $\sum G$ 进行比较。计算 $\sum G / \sum R$，将雷达误差作为乘数，并与原雷达 QPE 相乘。该方法维持了通过雷达 QPE 分辨的空间变化，然后通过消除每小时或每天的平均场偏差对它们进行校正。此类平均场偏差校正对于空间均匀的雷达 QPE 误差十分有效。这一类误差中唯一的合理误差是雷达信号的误校准，它同样影响到雷达周围的所有探测范围，而大多数其他误差都会引起重大的空间变化。

阿肯色州红河谷盆地预报中心（Arkansas-Red Basin River Forecast Center）的预报员最初开发了一种被称为 P1 的空间变化偏差校正技术。这项工作主要是为了响应俄克拉何马州中尺度网（Oklahoma Mesonet）的安装。该网络进行标准地面天气观测，包括该州每个郡的地面雨量站。该方法的原理是对比测量位置处的雷达 QPE 并计算偏差。这时，每个地面雨量站的位置偏差是特定的，而不是像在平均场偏差校正中那样集中在一起。然后使用回归、反距离加权（inverse distance weighting，IDW）或克里金法等对偏置场添加空间插值。之后，对原始雷达 QPE 场使用修匀后的空间可变偏差场。这种方法的优点在于，它考虑了雷达 QPE 中常见的空间不均匀误差，如 *Z-R* 关系、非气象散射体和距离相关偏差。为使校正有效，雷达周围必须有密度合理的网络来解决非均匀误差。此外，该方法对个别地面雨量站的测量误差十分敏感，并且可能最终破坏雷达的 QPE。由于聚合了所有地面雨量站的累积值，平均场偏差校正方法不太容易受到个别误差的影响。为使空间变化偏差校正方法有效，必须非常仔细地对地面雨量站的数据进行质量控制。该方法的前景不容乐观，这是因为地面雨量站网络往往由国家气象部门、地方市政当局、水力发电公司、负责各个州气候调查的组织等各种不同的机构运营。因此，地面雨量站网络的维护和质量控制水平存在差异。另外，全国雷达网络常常由政府操作和维护，并且具有更标准的操作和更多可供分析的误差特性。

2.6 时空聚合

根据雷达的工作特性，雷达可以在其固有的球形格网上估测降水强度。其分辨率名义上为方位角 1° 乘以距离 1 km，并且每 5 min 进行一次估测。该降水量通常必须与每小时的累积总量相加，以便通过地面雨量站进行调整。可增加聚合来计算 3 h、6 h、12 h、24 h、72 h、10 天、每月等的累积量。部分雨量站网络提供人工观测网络等的每日累积量。可以通过引入这些数据来修正 24 h 累积量。

可以通过组合或拼接来自包括网络内相邻雷达的降水强度估测值，以创建覆盖更大空间区域的降水图。此类拼接方法的复杂性各异。由于本地雷达坐标以每个雷达为中心，所以更实际的做法是重新在一个公共笛卡儿格网上对降水强度估测值进行采样，以适应单个格网上相邻雷达数据的拼接。最简单的拼接方法是从最接近每个格网点的雷达选择降水强度估测值。这种方法会在与邻近雷达距离相等的多处降水场产生线性不连续性。这些拼接伪影表明一个或两个雷达的降水强度估测存在偏差。

图 2.5 展示的是这一现象的一个例子。这是来自亚拉巴马州莫比尔（Mobile，Alabama）（KMOB）、佛罗里达州埃尔金空军基地（Elgin Air Force Base，Florida）（KEVX）和佛罗里达州塔拉哈西（Tallahassee，Florida）（KTLH）的 NEXRAD 10 日降水量估测累积量。图 2.5 已用黑圈圈出线性不连续性所在位置。这些黑圈表明，KEVX 雷达的降水量估测值高于邻近雷达的降水量估测值。根据使用 KEVX 数据的算法，降水量估测值约为 5 in[①]（127 mm）或比 KMOB 估测的降水量大 50%。在 KEVX 以东，降水量差距约为 2.5 in（63.5 mm），是 KTLH 雷达估测降水量的两倍。显然，雷达降水估测存在巨大的不确定性，并且数据拼接会引起伪影。

产生此类不连续性的原因可能是雷达之间的校准差异、用于将 Z 转换为 R 的公式不同、用于减小距离相关偏差的 VPR 模型参数不同、部分波束被遮挡、由衰减引起功率损耗，以及波束中心线高度不同。由雷达校准差异、Z-R 关系、VPR 参数、部分波束被遮挡和衰减引起的一些误差主要来自算法，因此可以使用软件优化进行校正或最小化。波束中心线高度的差异可能由波束传播路径的差异引起。小尺度大气条件决定了波束的传播路径。虽然可以使用大气压力、湿度和温度廓线建立传播路径模型，但某些垂直梯度可能无法被高空观测系统分辨。由于波束中心线高度存在巨大的不确定性，所以雷达需要在不同的高度采样，即使被采样的降水与两个雷达的距离相等。这一影响将导致不连续性。在海洋边界层的雷达和具有不同海拔的相邻雷达最容易受到这种拼接伪影的影响。

① 译者注：in 为英文 inch（英寸）的缩写，1 in=2.54 cm。

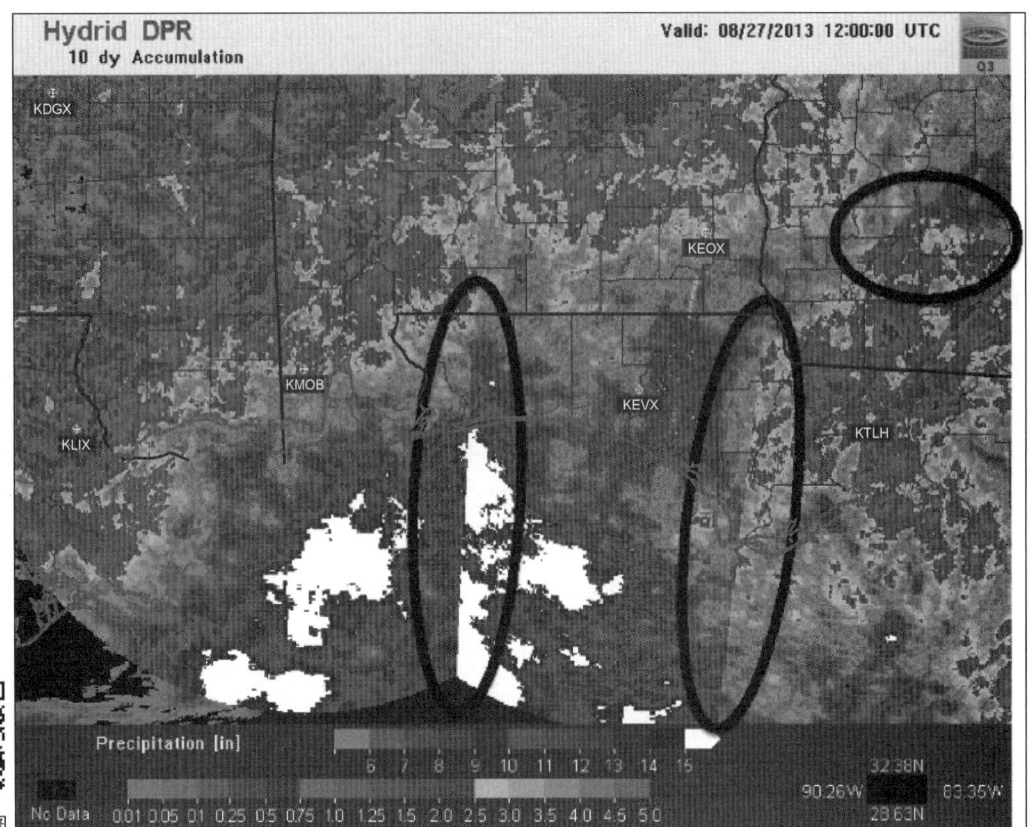

扫一扫，见彩图

图 2.5　拼接的雷达数据中 10 日累积降水量的线性不连续性

用于统计的累积期于 2013 年 8 月 27 日 12 时（协调世界时）结束

目前已开发出替代的拼接策略，可以减轻由混合相邻雷达数据引起的视觉伪影。Tabary（2007）提出了一种拼接方案，该方案根据相邻雷达的质量（根据大地杂波的影响、波束被遮挡的程度和波束中心线高度判断）对来自相邻雷达的降水强度估测值进行加权。当根据经验估测给定格网点的权重时，该拼接方案从具有最高权重的雷达中选择降水强度估测值，这相当于使用了质量最高的估测值。Zhang 等（2005）所提出的方案首先使用客观分析将反射率数据从球面坐标插入公共三维笛卡儿格网，然后基于加权平均值拼接来自相邻雷达的数据。该方法根据单个格网单元与雷达位置之间的距离来确定权重，虽然计算量较大，但能够有效插入雷达数据并极大程度地减少伪影。

2.7　尚存的挑战

尽管雷达降水估测采用所有的处理步骤和校正程序，但挑战仍然存在。在数据质量方面，无法从雷达 QPE 积累中滤除部分非气象散射体。由于水汽凝结体具有与雨滴相似的大小和速度信号，所以很难从水汽凝结体中分辨出来鸟类和昆虫等生物目标的散射。

带有运动叶片的风电场等固定结构也可能会影响雷达降水估测。如果对数据质量算法的参数进行调整以滤除这些非气象散射体，则实际降水可能会被意外漏测。

真正限制雷达 QPE 质量的因素可能是低高度（如地面以上 3 km 高度内）的雷达覆盖率（图 2.6）。Maddox 等（2002）建立了一个模型来反映 NEXRAD 对美国的有效覆盖范围。该模型显示，在落基山脉（Rock Mountains）以东的雷达覆盖范围内，除得克萨斯州里奥格兰德河流域（Rio Grande Valley of Texas）和俄克拉何马州东南部的阿巴拉契亚山脉（Appalachian Mts.）和夸奇塔斯（Quachitas）的一些山区以外，其他地区的差距很小。美国西部山间的低海拔（地面以上 3 km 高度内）区域大致为寒拉斯（Sierras）东部和落基山脉西部的区域。NEXRAD 网络覆盖了其中约 50%的区域。这意味着即使在校正 VPR 之后，也将出现大的随机误差。而且在许多地区，雷达对降水系统进行完整的超调，因此没有校正信号。这种情况在冷季期间尤其成问题，因为在冷季期间，风暴没有像在暖季期间那样具有巨大的垂直范围。雷达覆盖问题只能通过引入来自其他平台的观测结果予以改善，包括间隙填充雷达、星载仪器、仪表，甚至是采用 NWP 模型的降水分析。

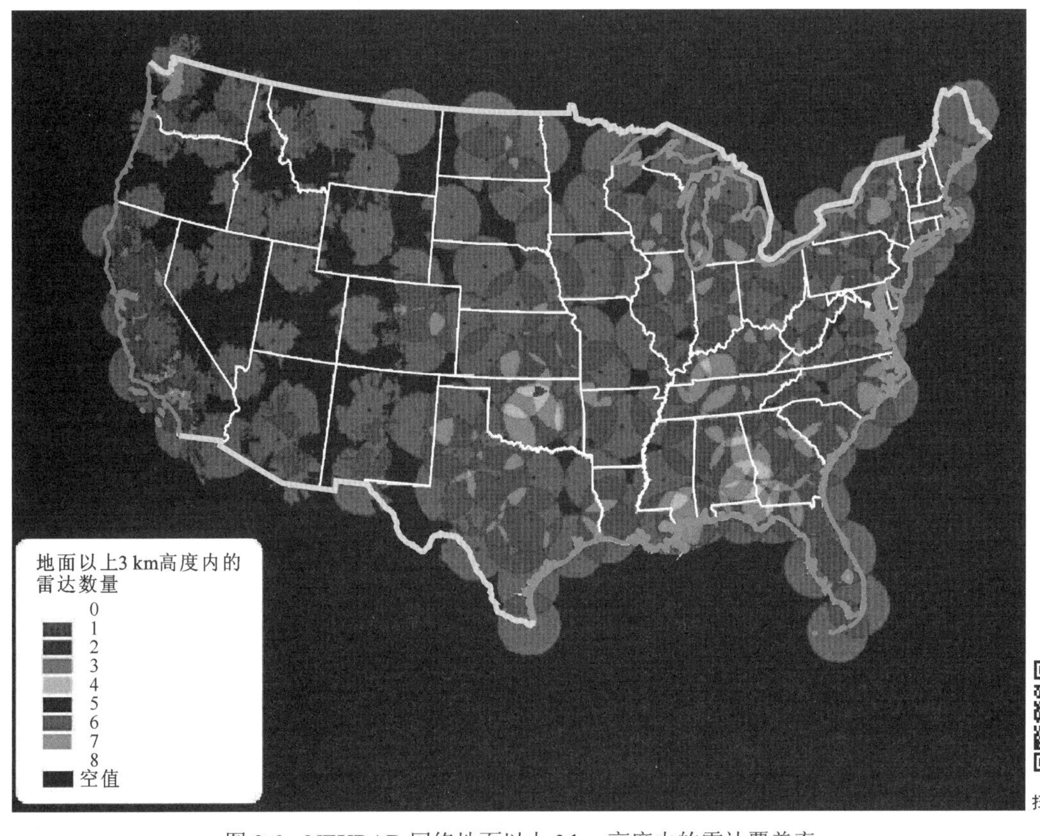

扫一扫，见彩图

图 2.6　NEXRAD 网络地面以上 3 km 高度内的雷达覆盖率

图中有颜色标记处表示有多个雷达的覆盖范围在给定区域重叠

为了使用单一的确定性关系将 Z 转换为 R，需要假设有一个描述雷达采样内容的唯一 DSD。该 DSD 的变化取决于风暴类型、地理位置、季节、风暴生命周期、风暴上升区域等，并且已在多项研究中进行记录。有些方法利用常规雷达处理 DSD 变化，如识别不同的降水类型和使用不同的 *Z-R* 关系。本书将在第 4 章详细介绍一种可进行自动分类、自适应选择 *Z-R* 关系和估测降水强度的当代算法。与雷达在降水强度估测的广泛研究相比，雷达在 SWE 方面的研究很少。受雨量收集站对风场产生的干扰及空间表述限制，SWE 现场观测具有一定的难度。积雪受到地形和局部极小尺度风模式的严重影响。由于缺乏使用现场仪器准确采集的大量 SWE 累积样本，雷达积雪算法的开发和评估一直受到限制。双极化雷达技术的出现提高了雷达参数的质量并可在不同 DSD 条件下反演降水强度。

2.8 不确定性估测

使用确定性雷达 QPE 而不考虑它们潜在分布的前提条件是假定它们没有误差或者它们的不确定性可以被忽略不计。对于后者，应考虑使用雷达 QPE 来预测河流中污染物平流、扩散和反应的耦合模拟系统。在这种情况下，由于化学物质泄漏的位置和程度处于初期、所释放的特定化学物质具有不确定性、对污染物在地下水中运移的模拟存在不确定性、与地下水和河水中的其他未知化学物质发生潜在反应等，雷达估测降水强度时的不确定性可能会被掩盖。但通常明智的做法是估测和利用与雷达 QPE 相关的不确定性。

目前已提出了许多雷达降水误差模型。为了计算与确定性 QPE、概率 QPE（probabilistic QPE，PQPE）相关的降水不确定性并生成 QPE 集合，首先需要建立误差模型。本书简要回顾了所提出的误差建模方法，读者可参考 Mandapaka 和 Germann（2010）进行完整的回顾。对于某一给定的雷达，针对降水估测，其具备的软硬件以及控制降水估测分辨率和灵敏度的操作特性中所有单个误差，均可通过第一种建模方法描述。若使用单个误差叠加产生降水场总误差，则需要详细了解雷达系统特有的单个误差、每个雷达的操作方式、降水状况、数据质量控制、假定的 DSD、VPR 校正方法及 *Z-R* 公式。虽然这些方法有坚实的理论基础，但对于 NEXRAD 这样的大型雷达网络，可能很难量化所有单个误差、它们之间的相互作用及它们的传播。此外，所得到的误差模型可能不适用于网络之外的其他雷达系统。

本章所述方法是更常用的误差建模方法。该方法可以极大程度地校正雷达 QPE，然后独立参照地面雨量站对剩余误差或残差进行建模。如 2.5 节所述，在实时算法中，地面雨量站常用于雷达降水强度估测的校正。在使用这些方法时，必须确保用于定义残差的参考值是独立的。可通过从实时估测中保留一些地面雨量站测量值或使用可能无法实时使用的独立地面雨量站网络值来实现这一目标。QPE 误差模型将残差分解为描述雷达 QPE（不变）系统性误差的偏差、条件偏差（包括由雷达采样高度、季节、降水方式、降水强度、降水强度估测的时空分辨率等引起的偏差），以及随机误差（Ciach et al.，2007）。在消除偏差之后，通过检查残留误差的时空结构来评估残留误差的统计特性，通常使用相关性等二阶矩进行评估。Villarini 和 Krajewski（2010）、Germann 等（2009）及 Habib 等（2008）均表示，对数变换随机误差遵循高斯分布，并且在空间和时间上存在关联性。Kirstetter 等（2010）使用半变异函数对残差的时空相关性进行量化。可通过计算残差、有针对性地扰乱它们的空间和时间（称为滞后），然后计算它们的协方差来创建这种地理统计视觉辅助。所得到的图总结了残差的时空相关性。

Kirstetter 等（2015）①提出了一种用于 PQPE 的最新方法，以 1 km/5 min 测量尺度量化雷达降水的不确定性。这些尺度是在监测与山洪相关的强降水时必须考虑的尺度。此外，这种精细尺度的 PQPE 可用于全面评估低地球轨道平台仪器的降水强度估测。星载无源和有源微波传感器可以观测到降水系统在绕地球轨道运行时的快照。上述基于地面雨量站的方法不适合这些高分辨率应用，这是因为地面雨量站通常不提供精确的瞬时降水量，而是提供 15min、每小时或每日时间尺度的累积量。该新方法按照 Kirstetter 等（2013b，2012）讨论的方法创建了一个参照降水数据集。地面雨量站计算出的小时、空间变化偏差在降低尺度后被应用于分辨率为 1 km/5 min 的雷达估测降水量场。该方法假定小时偏差在小时以下尺度上不具有显著的时间变化。然后，该方法根据降水类型（对流、层状、热带、亮带、冰雹和雪）对数据集进行分区。如要详细了解降水类型偏析所涉及的逻辑，参见第 4 章。目前，我们可以假设不同的降水类型与不同的微物理过程和 DSD 有关，从而影响 *Z-R* 关系中的参数。需要对数据集进行过滤，去除被小时地面雨量站过度校正偏差的参照降水量（即 0.01<校正系数<100），且整个小时对应的候选像元的降水类型必须一致。

为每种降水类型绘制经过滤的参照降水强度 *R*（mm/h）数据点（图 2.7 中以 *x* 表示）与 *Z*（dBZ）的函数。这些数据点表明 *Z* 和 *R* 之间存在幂律法则关系，一般情况下都会假设存在该关系。下一步，将误差模型与 *Z* 和 *R* 的观测值进行拟合。使用位置、比例和形状的广义相加模型（generalized additive model for location，scale，and shape，GAMLSS）（Rigby and Stasinopoulos，2005）创建如图 2.7 所示的平滑曲线。根据经验，与这些曲线拟合的数据点描述的是对 *Z* 值和降水类型进行雷达观测所得出的 *R* 分布。图 2.7 展示的是分布的中值或表示为 Q_{50} 的 50%分位数，以及 25%和 75%分位数（Q_{25}、Q_{75}）。后两个

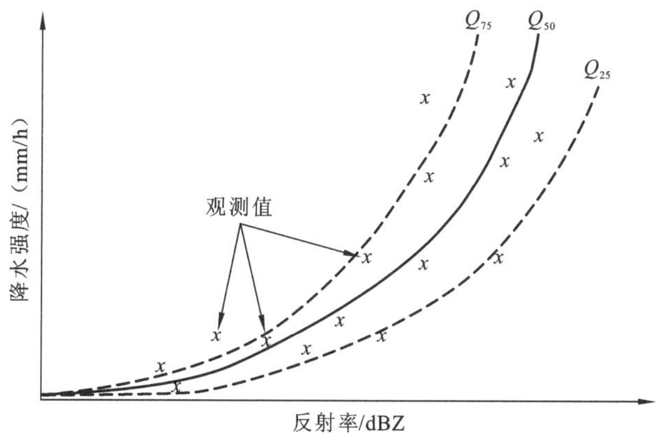

图 2.7　基于测距校正雷达观测和雷达反射率系数计算 1 km/5 min 尺度 PQPE 的方法

① 译者注：原著中为 2014，是该文献被接收的年份，译著出版时间滞后，该文献已见刊，此处更正为 2015。

分位数之间的距离用于估测与给定 Z 测量值和降水类型相关的降水强度不确定性。误差模型描述整个数据分布，并且可以适应雷达降水强度估测的预期应用。例如，在用户只需要确定雷达估测的降水强度值的情况下（如当假设它们被建模系统中的其他不确定性掩盖时），则 GAMLSS 将提供与 Q_{50} 曲线相关联的降水强度。如果某个应用对异常值（如触发洪水警报的降水量阈值）特别敏感，则用户可能需要 95%或 99%分位数分布线的上端。

现在，可以运用 GAMLSS 根据 Z 值和降水类型对雷达估测的降水强度进行建模，从而推导出一些实用的产品。通过降水强度中位数归一化的两个分位数之间的差值[如（Q_{75}–Q_{25}）×100/Q_{50}]可用于计算降水强度估测的相对不确定性。此外，在计算降水强度超过某一预定阈值的概率时，可以考虑降水强度的分布，如与 50 年重现期（间隔期）相关的降水量，也可以轻松计算出超过山洪指引值的概率。最后，GAMLSS 生成的误差模型通过对每个格网点的降水强度概率分布函数进行取样，为 QPE 集合的生成提供了基础。有些技术利用 LU 分解生成具有空间和时间相关性的残余误差的等概率降水场（Germann et al.，2009；Villarini et al.，2009）。生成的 QPE 集合可以被有效地用于各种预测系统，如预测山洪概率的分布式水文模型等。

问 题 集

1. 什么是 PQPE？为什么我们需要估测雷达 QPE 的不确定性？

2. 雷达在 50 km 处测量到的有效反射率系数为 30 dBZ。(a) 请使用 Marshall-Palmer 关系和 Z-R 关系计算降水强度。(b) 雷达在 100 km 距离处的视场为 30 dBZ，但由于波束遮挡，只照射到一半的分辨体积，则在波束未被遮挡的情况下正确的反射率系数是多少？结果将如何随着波束被遮挡部分的变化而变化？并请进一步计算该波束遮挡对降水强度估测的影响。

参 考 文 献

Andrieu, H., and J. D. Creutin. 1995. Identification of vertical profiles of radar reflectivity for hydrological applications using an inverse method. Part I: Formulation. *Journal of Applied Meteorology* 34(1): 225-239.

Andrieu, H., G. Delrieu, and J. Creutin. 1995. Identification of vertical profiles of radar reflectivity for hydrological applications using an inverse method. Part II: Sensitivity analysis and case study. *Journal of Applied Meteorology* 34: 240-259.

Atlas, D. 2002. Radar calibration: Some simple approaches. *Bulletin of the American Meteorological Society* 83(9): 1313-1316.

Bolen, S. M., and V. Chandrasekar. 2000. Quantitative cross validation of space-based and ground-based radar observations. *Journal of Applied Meteorology* 39(12): 2071-2079.

Borga, M., E. N. Anagnostou, and E. Frank. 2000. On the use of real-time radar rainfall estimates for flood prediction in mountainous basins. *Journal of Geophysical Research: Atmospheres*(1984-2012) 105(D2): 2269-2280.

Cho, Y. H., G. Lee, K. E. Kim, and I. Zawadzki. 2006. Identification and removal of ground echoes and anomalous propagation using the characteristics of radar echoes. *Journal of Atmospheric and Oceanic Technology* 23(9): 1206-1222.

Ciach, G. J. 2003. Local random errors in tipping-bucket rain gauge measurements. *Journal of Atmospheric and Oceanic Technology* 20(5): 752-759.

Ciach, G. J., W. F. Krajewski, and G. Villarini. 2007. Product-error-driven uncertainty model for probabilistic quantitative precipitation estimation with NEXRAD data. *Journal of Hydrometeorology* 8(6): 1325-1347.

Droegemeier, K., J. Smith, S. Businger, C. A. Doswell, J. D. Doyle, C. J. Duffy, E. Foufoula Georgiou, T. M. Graziano, L. D. James, V. Krajewski, M. A. Lemone, D. P. Lettenmaier, C. F. Mass, R. Pielke, P. S. Ray, S. A. Rutledge, J. C. Schaake, and E. J. Zipser. 2000. Hydrological aspects of weather prediction and flood warnings: Report of the Ninth Prospectus Development Team of the US Weather Research Program. *Bulletin of the American Meteorological Society* 81(11): 2665-2680.

Germann, U., and J. Joss. 2002. Mesobeta profiles to extrapolate radar precipitation measurements above the Alps to the ground level. *Journal of Applied Meteorology* 41(5): 542-557.

Germann, U., M. Berenguer, D., Sempere-Torres, and M. Zappa. 2009. REAL-ensemble radar precipitation estimation for hydrology in a mountainous region. *Quarterly Journal of the Royal Meteorological Society* 135(639): 445-456.

Giangrande, S. E., J. M. Krause, and A. V. Ryzhkov. 2008. Automatic designation of the melting layer with a polarimetric prototype of the WSR-88D radar. *Journal of Applied Meteorology and Climatology* 47(5): 1354-1364①.

Gourley, J. J., and C. M. Calvert. 2003. Automated detection of the bright band using WSR-88D data. *Weather and Forecasting* 18(4): 585-599.

Gourley, J. J., B. Kaney, and R. A. Maddox. 2003. Evaluating the calibrations of radars: A software approach. Preprint *Thirty-First International Conference on Radar Meteorology.* Seattle, WA, Amer. Meteor. Soc., 459-462.

Gourley, J. J., D. P. Jorgensen, S. Y. Matrosov, and Z. L. Flamig. 2009. Evaluation of incremental improvements to quantitative precipitation estimates in complex terrain. *Journal of Hydrometeorology* 10(6): 1507-1520.

Gourley, J. J., P. Tabary, and J. Parent du Chatelet. 2007. A fuzzy logic algorithm for the separation of precipitating from nonprecipitating echoes using polarimetric radar observations. *Journal of Atmospheric and Oceanic Technology* 24(8): 1439-1451.

Habib, E., A. V. Aduvala, and E. A. Meselhe. 2008. Analysis of radar-rainfall error characteristics and implications for streamflow simulation uncertainty. *Hydrological Sciences Journal* 53(3): 568-587.

① 译者注：原著中该参考文献缺失，此处更正补充。

Joss, J., J. Thams, and A. Waldvogel. 1968. The accuracy of daily rainfall measurements by radar. *Proceedings of the 13th Radar Meteorology Conference*. Montreal, Amer. Meteor. Soc., 448-451.

Kirstetter, P. E., G. Delrieu, B. Boudevillain, and C. Obled. 2010. Toward an error model for radar quantitative precipitation estimation in the Cévennes-Vivarais region, France. *Journal of Hydrology* 394(1): 28-41.

Kirstetter, P. E., Y. Hong, J. Gourley, S. Chen, Z. L. Flamig, J. Zhang, M. Schwaller, W. Petersen, and E. Amitai. 2012. Toward a framework for systematic error modeling of spaceborne precipitation radar with NOAA/NSSL ground radar-based national mosaic QPE. *Journal of Hydrometeorology* 13(4): 1285-1300.

Kirstetter, P. E., H. Andrieu, B. Boudevillain, and G. Delrieu. 2013a. A physically based identification of vertical profiles of reflectivity from volume scan radar data. *Journal of Applied Meteorology and Climatology* 52(7): 1645-1663.

Kirstetter, P. E., N. Viltard, and M. Gosset. 2013b. An error model for instantaneous satellite rainfall estimates: Evaluation of BRAIN-TMI over West Africa. *Quarterly Journal of the Royal Meteorological Society* 139(673): 894-911.

Kirstetter, P. E., Y. Hong, J. J. Gourley, M. Schwaller, W. Petersen, and Q. Cao. 2015. Impact of sub-pixel rainfall variability on spaceborne precipitation estimation: Evaluating the TRMM 2A25 product. *Quarterly Journal of the Royal Meteorological Society* 141: 953-966.

Kitchen, M., R. Brown, and A. Davies. 1994. Real-time correction of weather radar data for the effects of bright band, range and orographic growth in widespread precipitation. *Quarterly Journal of the Royal Meteorological Society* 120(519): 1231-1254.

Legates, D. R., and T. L. DeLiberty. 1993. Precipitation measurement biases in the United States. *Journal of the American Water Resources Association* 29(5): 855-861.

Liu, H., and V. Chandrasekar. 2000. Classification of hydrometeors based on polarimetric radar measurements: Development of fuzzy logic and neuro-fuzzy systems, and in situ verification. *Journal of Atmospheric and Oceanic Technology* 17(2): 140-164.

Maddox, R. A., J. Zhang, J. J. Gourley, and K. W. Howard. 2002. Weather radar coverage over the contiguous United States. *Weather and Forecasting* 17(4): 927-934.

Mandapaka, P. V., and U. Germann. 2010. Radar-rainfall error models and ensemble generators. *Geophysical Monograph Series* 191: 247-264.

Marsalek, J. 1981. Calibration of the tipping-bucket raingage. *Journal of Hydrology* 53(3): 343-354.

Marshall, J. S., and W. M. K. Palmer. 1948. The distribution of raindrops with size. *Journal of Meteorology* 5(4): 165-166.

Matrosov, S. Y., K. A. Clark, and D. E. Kingsmill. 2007. A polarimetric radar approach to identify rain, melting-layer, and snow regions for applying corrections to vertical profiles of reflectivity. *Journal of Applied Meteorology and Climatology* 46(2): 154-166.

Minder, J. R., D. R. Durran, and G. H. Roe. 2011. Mesoscale controls on the mountainside snow line. *Journal of the Atmospheric Sciences* 68(9): 2107-2127.

Nicol, J., P. Tabary, J. Sugier, J. Parent-du-Chatelet, and G. Delrieu. 2003. Non-weather echo identification for conventional operational radar. Preprints, *Proceedings of 31st International Conference on Radar Meteorology*. Seattle, WA, Amer. Meteor. Soc., 542-545.

Nystuen, J. A. 1999. Relative performances of automatic rain gauges under different rainfall conditions. *Journal of Atmospheric and Oceanic Technology* 16(8): 1025-1043.

Rigby, R. A., and D. M. Stasinopoulos. 2005. Generalized additive models for location, scale and shape. *Journal of the Royal Statistical Society: Series C(Applied Statistics)* 54(3): 507-554.

Seo, D. J., J. Breidenbacii, R. Fulton, and D. Miller. 2000. Real-time adjustment of range-dependent biases in WSR-88D rainfall estimates due to nonuniform vertical profile of reflectivity. *Journal of Hydrometeorology* 1(3): 222-240.

Silverman, B. W. 1986. *Density Estimation for Statistics and Data Analysis*. Vol. 26. Boca Raton, FL: CRC Press.

Smith, C. J. 1986. The reduction of errors caused by bright bands in quantitative rainfall measurements made using radar. *Journal of Atmospheric and Oceanic Technology* 3(1): 129-141.

Tabary, P. 2007. The new French operational radar rainfall product. Part I: Methodology. *Weather and Forecasting* 22(3): 393-408.

Vignal, B., H. Andrieu, and J. D. Creutin. 1999. Identification of vertical profiles of reflectivity from volume scan radar data. *Journal of Applied Meteorology* 38(8): 1214-1228.

Villarini, G., and W. F. Krajewski. 2010. Review of the different sources of uncertainty in single polarization radar-based estimates of rainfall. *Surveys in Geophysics* 31(1): 107-129.

Villarini, G., W. F. Krajewski, G. J. Ciach, and D. L. Zimmerman. 2009. Product-error-driven generator of probable rainfall conditioned on WSR-88D precipitation estimates. *Water Resources Research* 45(1): W01404.

Wilson, J. W., and E. A. Brandes. 1979. Radar measurement of rainfall: A summary. *Bulletin of the American Meteorological Society* 60(9): 1048-1058.

Zawadzki, I. 1975. On radar-raingauge comparison. *Journal of Applied Meteorology* 14(8): 1430-1436.

Zhang, J., K. Howard, and J. Gourley. 2005. Constructing three-dimensional v-radar reflectivity mosaics: Examples of convective storms and stratiform rain echoes. *Journal of Atmospheric and Oceanic Technology* 22(1): 30-42.

Zrnić, D. A. S., A. Ryzhkov, J. Straka, Y. Liu, and J. Vivekanandan. 2001. Testing a procedure for automatic classification of hydrometeor types. *Journal of Atmospheric and Oceanic Technology* 18(6): 892-913.

第 3 章

极化雷达定量降水估测

到目前为止，我们已经介绍了利用传统单极化雷达进行定量降水估测（quantitative precipitation estimation，QPE）的基本原理和处理步骤。脉冲通常为水平极化，QPE 使用的主要测量值是雷达反射率 Z。除由非气象散射体造成的数据污染等数据质量问题外，许多研究表明，仅采用 Z 值并不足以揭示降水的自然变化（Rosenfeld and Ulbrich，2003；Battan，1973）。雨滴粒径分布（drop size distribution，DSD）显示出的变化无法用单一的反射率-降水强度（Z-R）关系来进行充分描述。而随着雷达（也称为极化雷达）的发展，通过使用极化变量，QPE 的精度得到了提升（Bringi and Chandrasekar，2001）。通过采用双极化技术，美国的新一代雷达（next generation radar，NEXRAD）网络已完成了升级改造，许多国家也已在进行或计划进行类似的升级。本章将介绍基于极化雷达观测的 QPE 方法，并进一步讨论雷达数据质量控制、水凝物分类方法等获取精确雷达 QPE 过程中的关键问题。

3.1 极化雷达参数

本章介绍 QPE 中使用的基本极化雷达参数。雷达回波是给定距离波门处特定雷达分辨率体积内的所有水汽凝结体反向散射的组合信号。接收到的雷达回波的强度和相位由雷达信号散射和传播效应共同决定。这些影响取决于雷达频率和水汽凝结体的大小、强度、相位、形状、结构与方位。接下来将介绍极化雷达参数的理论公式。其中，极化雷达参数使用下标注明，一般情况下，小写字母对应线性单位，大写字母对应的单位是 dB。

（1）水平和垂直极化雷达反射率系数（$Z_{h,v}$ 或 $Z_{H,V}$）：

$$Z_{h,v}=\frac{4\lambda^4}{\pi^4|K|^2}\int_{D_{min}}^{D_{max}}\left|f_{h,v}(\pi,D)\right|^2 N(D)dD(mm^6/m^3) \tag{3.1}$$

$$Z_{H,V}=10\lg Z_{h,v}(dBZ) \tag{3.2}$$

（2）差分反射率（Z_{dr} 或 Z_{DR}）：

$$Z_{dr}=Z_h/Z_v \tag{3.3}$$

$$Z_{DR}=10\lg(Z_h/Z_v)=Z_H-Z_V(dB) \tag{3.4}$$

（3）共极关联系数（ρ_{hv}）：

$$\rho_{hv}=\frac{\int_{D_{min}}^{D_{max}}f_h^*(\pi,D)f_v(\pi,D)N(D)dD}{\sqrt{\int_{D_{min}}^{D_{max}}\left|f_h(\pi,D)\right|^2N(D)dD\int_{D_{min}}^{D_{max}}\left|f_v(\pi,D)\right|^2N(D)dD}} \tag{3.5}$$

（4）差分传播相位（K_{dp}）：

$$K_{dp}=\frac{180\lambda}{\pi}\int_{D_{min}}^{D_{max}}\mathrm{Re}[f_h(0,D)-f_v(0,D)]N(D)dD[(°)/km] \tag{3.6}$$

（5）差分相位（Φ_{dp}）：

$$\Phi_{dp}(r_g)=2\int_0^{r_g}K_{dp}(r)dr(°) \tag{3.7}$$

（6）水平或垂直极化下的特征衰减（A_H 或 A_V）：

$$A_{H,V}=8.686\lambda\int_{D_{min}}^{D_{max}}\mathrm{Im}f_{h,v}(0,D)N(D)dD(dB/km) \tag{3.8}$$

（7）特征差分衰减（A_{DP}）：

$$A_{DP}=A_H-A_V(dB/km) \tag{3.9}$$

式（3.1）～式（3.9）中：λ 为雷达波长；$K=(\varepsilon_r-1)/(\varepsilon_r+2)$，$\varepsilon_r$ 为水的复介电常数；D 为颗粒（即水汽凝结体）的有效直径；D_{max}（或 D_{min}）为雷达分辨率体积内的最大（或最小）D；$N(D)$为颗粒的粒度分布（particle size distribution，PSD）；$f_{h,v}$ 为水平或垂直极化的复散射幅度，$f_{h,v}$ 的参数 0 和 π 分别为前向散射和后向散射分量；符号$|\cdot|$表示复数范数，Re（或 Im）表示复数的实部（或虚部）；r 为与雷达的距离；r_g 为到给定距离波门的距离。

Z_h 代表降水水汽凝结体后向散射的能量，其大小取决于水汽凝结体的浓度、大小和相位，与降水强度和含水量有密切关系。Z_{dr} 与观测到的水汽凝结体的中值大小直接相关，该参数用于描述 DSD，可为计算 QPE 提供有价值的补充信息。K_{dp} 与雨滴数浓度有关，但对 PSD 的敏感性小于 Z_h，不受雷达校准和部分波束遮挡的影响，且在降水估测中受冰雹污染的影响较小。与垂直极化波相比，水平极化波的相位滞后，故 K_{dp} 呈现正值。扁形雨滴（水平尺寸大于垂直尺寸的雨滴）基本上会引起轻微的相位延迟，在水平极化时这一现象更为明显。这三种极化测量可以直接应用于降水估测。共极关联系数（ρ_{hv}）表示垂直和水平极化下后向散射幅度的相关性，该系数能够很好地指示水汽凝结体的相位（均质相位或混合相位）和数据质量，可用于对雷达回波中水汽凝结体的分类。根据雷达波的频率，降水会引起雷达观测中的强衰减（功率损耗）。尽管未直接测量，特征衰减（A_V、A_H）和特征差分衰减（A_{DP}）这两个重要的变量可以表示在 Z_h、Z_v 或 Z_{dr} 中损失的功率大小。如果衰减效应不可忽略（如在 C 波段、X 波段和 Ka/Ku 波段雷达的应用中），则需要校正衰减的 Z_h 和 Z_{dr} 以避免对 QPE 的低估。此外，A_H 和 A_{DP} 与降水强度也有很强的相关性。

3.2 极化雷达数据质量控制

雷达数据的质量对于各种雷达的实际性能至关重要。例如，如果反射率出现 3 dB 的误差，就可能导致对降水量高达 100%的高估。数据质量会因系统噪声、杂波、衰减和误校准等而降低，因此，需要对雷达测量进行仔细的数据质量控制，尤其是对 QPE。本节将介绍极化雷达数据质量控制的最新进展。

3.2.1 噪声效应及降噪

系统噪声会对雷达数据产生普遍的影响，是最常见的误差源之一。噪声可以改变测量值的数量，从而影响对极化数据的物理解译。例如，降雨、干雪或冰的 ρ_{hv} 应接近 1，而系统噪声将 ρ_{hv} 降低到 0.9 以下，从而可能将降雨错误解译为混合相降水甚至是大地杂波。降低噪声的传统方法针对的主要是雷达二级数据（即矩数据），其中一种常用方法是对矩数据进行修匀。Ryzhkov 等（2005a）的研究表明，通常可通过计算多个距离波门上 Φ_{dp} 的平均值完成对 K_{dp} 的估测。Hubbert 和 Bringi（1995）使用低通滤波器，对沿雷达波束路径测量的 Φ_{dp} 进行了修匀。Z_h 和 Z_{dr} 等其他测量值通常在用于计算 QPE 之前也需要进行修匀处理（如超过 1 km 距离）。Lee 等（1997）在降噪中引入了散斑滤波技术，该方法可在空间上修匀雷达测量值并提高其实用性（Cao et al.，2010）。一般情况下，修匀数据可能会使其分辨率变差，但这有助于获取方差较小的质量更佳的降水估测值。

针对一级原始数据（即时间序列数据）的雷达噪声信号处理能够降低噪声影响。传统的自相关/互相关函数（autocorrelation/cross-correlation function，ACF/CCF）方法主要基于 ACF/CCF 的 lag-0 进行矩估测。鉴于 lag-0 主要受噪声影响，而其他滞后则不受影响，Melnikov（2006）、Melnikov 和 Zrnić（2007）①提出了极化雷达变量的 lag-1 估测法。为了充分利用 ACF/CCF 信息，Lei 等（2012）提出了一种用于估测雷达矩数据的多滞后相关估测法。Cao 等（2012）将多滞后处理集成到频谱时间估测与处理（spectrum-time estimation and processing，STEP）算法中，通过降低噪声效应有效地提高了极化雷达的数据质量。

3.2.2 杂波检测与消除

大地杂波一般来自固定目标，且在雷达测量值中有较小的径向速度。为了滤除大地杂波，传统的雷达系统通常使用各种陷波滤波器，如有限/无限脉冲响应（finite/infinite impulse response，FIR/IIR）滤波器等以检测多普勒速度为 0 的回波［如 Torres 和 Zrnić（1999）］。处理时间序列数据运用较多的是杂波滤波器，该滤波器能轻松实现雷达系统中的数据处理。但如果天气分量具有小的径向速度，则滤波器也可能误将天气信号滤除。目前，先进的杂波滤波技术绝大多数都基于频谱分析，其中，由 Siggia 和 Passarelli（2004）提出的高斯模型自适应处理（Gaussian model adaptive processing，GMAP）算法最为流行。该算法能重建可能被陷波滤波器滤除的天气分量。Cao 等（2012）提出了另一种基于频谱的算法——STEP 算法，该算法对频谱中的天气和杂波分量进行建模，并使用回归方法对其进行估测。Nguyen 等（2008）提出了一种参数时域方法（parametric time domain method，PTDM），能模拟计算 ACF 中的天气和杂波分量。由于在滤除大地杂波的同时能保留天气分量，尤其是当杂波和天气分量具有相似的径向速度时，所以以上列举的算法优于杂波滤波器。

杂波滤波方法通常需要进行迭代计算，在一定程度上限制了该类方法的应用。因此，高效滤波通常需要进行杂波识别。由美国国家大气研究中心（National Center for Atmospheric Research，NCAR）开发的基于杂波信号相位的杂波抑制决策（clutter mitigation decision，CMD）算法就是其中的一种典型算法（Hubbert et al.，2009）。距离-频谱空间中的天气空间连续性信号也可被用于识别杂波（Morse et al.，2002②）。近年来，Moisseev 和 Chandrasekar（2009）提出了一种新的频谱算法，并将频谱分解应用于杂波识别。Li 等（2012）还引入了另一种频谱杂波识别（spectrum clutter identification，SCI）算法，该算法能在频谱域中同时监测功率和相位信息。总而言之，大地杂波的检测与滤除对优化极化雷达数据的应用具有重要意义。

3.2.3 衰减校正

降水衰减是雷达 QPE 中不可避免的问题。幸运的是，S 波段（美国 NEXRAD 网络

① 译者注：原著中此处参考文献缺失，应为 Melnikov, V. M., and D. Zrnić. 2007. Autocorrelation and cross-correlation estimators of polarimetric variables. *Journal of Atmospheric and Oceanic Technology* 24: 1337-1350。

② 译者注：原著中此处参考文献缺失，应为 Morse, C. S., R. K. Goodrich, and L. B. Cornman. 2002. The NIMA method for improved moment estimation from Doppler spectra. *Journal of Atmospheric and Oceanic Technology* 19: 274-295。

使用频率）降水衰减引起的功率损耗在大多数情况下并不显著。但这对于较短波长（如 C 波段、X 波段、Ku 波段和 Ka 波段）的雷达来说是一个重大问题，因此需要做出相应校正。图 3.1 展示的是法国南部一个强对流单元中 Z_H、Z_{DR}、Φ_{dp} 和 ρ_{hv} 的 X 波段双极化变量。在此频率下，我们可以看到 Φ_{dp} 的值超过 160°，而在同一个区域，Z_H 和 Z_{DR} 的偏置变得极低。由于小雨滴为球形，大雨滴为扁球形，所以 Z_{DR} 应该为非负值，而此处 Z_{DR} 呈现出负值，这表示观测数据出现了偏差。图 3.1 中所示的强梯度是由衰减损失引起的，而非风暴结构中的实际梯度。在这场风暴中，由于雨滴对信号造成的衰减太大，信号出现丢失。在信号尚未完全丢失或不可恢复的范围内，Z_H 和 Z_{DR} 中的功率损失与 Φ_{dp} 的增加有关。

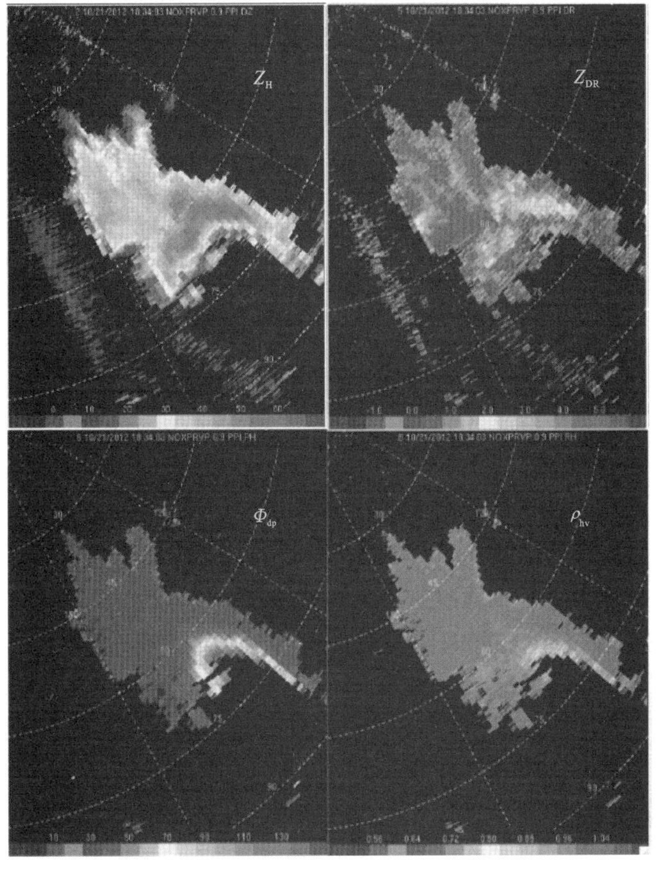

扫一扫，见彩图

图 3.1　法国南部测得的一个强对流单元的 X 波段双极化变量

观测时间为 2012 年 10 月 21 日 18 时 34 分（协调世界时），衰减十分明显，Z_H、Z_{DR} 和 ρ_{hv} 出现损耗，Φ_{dp} 也因此而增加

先前用于校正单极化雷达衰减损失的算法主要基于 Hitschfeld-Bordan 算法及其修订版本（Delrieu et al.，2000）。这些算法主要依赖于衰减和雷达反射率之间的经验关系，通过与沿雷达波束路径的衰减观测值保持一致，进行每个距离波门处的非衰减反射率迭代计算。由于 K_{dp} 与 A_H（或 A_{DP}）有很强的相关性，它们之间的关系（通常为幂律关系）通常被用于估测未衰减的 Z_h 或 Z_{dr}。一般情况下，简单方法通常假定这些关系中的指数

和系数已知（Matrosov et al.，2002；Bringi et al.，1990）。复杂方法则认为这些指数和系数取决于各种因素，如雨滴温度、雨滴形状模型和 DSD 变化等（Gorgucci and Baldini，2007；Park et al.，2005；Bringi et al.，2001）。此外，校正衰减还可以用变分法等优化反演方法来实现（Cao et al.，2013a；Xue et al.，2009；Hogan，2007）。

由于降水衰减与路径积分的差分相位（Φ_{dp}）相关，Z_H 和 Z_{DR} 的一阶修正方程的一般形式如下：

$$\Delta Z_H = a\Phi_{dp}(\mathrm{dB}) \tag{3.10}$$

$$\Delta Z_{DR} = b\Phi_{dp}(\mathrm{dB}) \tag{3.11}$$

其中，系数 a 和 b[以 dB/(°) 为单位]取决于第 1.2 节中提到的多个因素，其中最重要的因素是雷达频率。在 S 波段，Ryzhkov 和 Zrnić（1995）估测的 a 和 b 分别为 0.040 dB/(°) 和 0.008 3 dB/(°)。Carey 等（2000）就 C 波段的 a 和 b 进行文献调研后得出合成平均值分别为 0.068 8 dB/(°) 和 0.017 85 dB/(°)。这些常数随着雷达波长的缩短而增加。在 X 波段，Matrosov 等（2002）发现 a 和 b 的值分别为 0.22 dB/(°) 和 0.032 dB/(°)。显然，如果由于衰减损失而对 Z_H 和 Z_{DR} 进行大幅修正，则在使用 Z_H 和 Z_{DR} 进行降水估测时必须谨慎。在使用短波雷达对大雨的观测中，该问题尤为明显。

3.2.4 校准

与单极化雷达 QPE 相比，极化雷达 QPE 对数据质量更为敏感。Z_{DR} 的水汽凝结体测量值动态范围较小，仅十分之几 dB 的变化就可能导致 QPE 的显著变化。因此，校准系统偏差对于 Z_{DR} 极其重要。作为基本方法，工程校准能精确测量和比较两个极化通道接收路径内的增益/阻尼。该方法最为可靠，但不太适合在频繁运行的例行程序中使用。在弱降水中，该天线为垂直指向。由于当雷达垂直观察时，小雨滴为球形，所以 H 和 V 极化通道将收到非常相似的反向散射信号。也就是说，在垂直入射时，Z_{DR} 应该接近零。由于对于太阳信号，Z_{DR} 也应该为零，所以还存在一种通过追踪太阳信号来实现校准的方法。美国国家强风暴实验室（National Servere Storms Laboratory，NSSL）已将这种方法应用于极化 NEXRAD 网络的校准中（Zrnić et al.，2006）。

3.2.5 自一致性检测

Ryzhkov 等（2005b）的研究表明，可以使用以下关系根据 Z_{DR} 和 K_{dp} 的测量值估算降水的 Z_H 值：

$$Z_H = a + b\log K_{dp} + cZ_{DR} \tag{3.12}$$

其中，系数 a、b 和 c 取决于雷达波长和大多数的雨滴形状，这些系数对雨滴的大小分布相对不敏感。同样，有学者[如 Vivekanandan 等（2003）]发现，K_{dp} 与 Z_H 和 Z_{DR} 存在函数关系。自一致性检测采用 Z_H、Z_{DR} 和 K_{dp} 之间的相关性进行雷达校准评估，但与前面提到的其他校准方法相比，自一致性检测具有许多局限性。例如，K_{dp} 在小雨中可能会产生很大的噪声，因此仅适合于对中雨或大雨进行自一致性检测。自一致性检测虽然有一定的局限性，但可以通过观测降水应用于任何类型的极化雷达，且不会产生与其他仪器相关的额外费用。

Gourley 等（2009）采用 Brandes 等（2002）的雨滴形状模型，通过假设雨滴温度为 0℃，使用 DSD 归一化 γ 模型，进行 X 波段、C 波段和 S 波段频率下一致性关系的三阶多项式回归。回归方程如下：

$$\frac{K_{\text{dp}}}{Z_{\text{h}}}=10^{-5}(a_0+a_1Z_{\text{DR}}+a_2Z_{\text{DR}}^2+a_3Z_{\text{DR}}^3) \tag{3.13}$$

其中：K_{dp} 为单程值，单位为（°）/km；Z_{h} 采用线性单位（mm^6/m^3）；Z_{DR} 的单位为 dB。表 3.1 提供了雷达频率函数的系数值。特别是对于 Z_{h}，可通过将自一致性理论应用于降水条件下的雷达观测有效诊断雷达观测误差。

表 3.1　三种气象雷达频率下极化一致性关系的三次多项式拟合系数

频率	a_0	a_1	a_2	a_3
X 波段	11.740	−4.020	−0.140	0.130
C 波段	6.746	−2.970	0.711	−0.079
S 波段	3.696	−1.963	0.504	−0.051

3.3　水汽凝结体分类

不同的水汽凝结体的散射特性存在很大差异（Park et al.，2009；Straka et al.，2000）。固体颗粒（霰、雪团或冰雹）的 Z_{h} 远低于具有相同含水量的雨滴，融化中的雪/冰雹的 Z_{h} 则大于其完全融化后液体对应的 Z_{h}。风暴中很少有单一类型的水汽凝结体，通常到达地面的雨滴来自在高空中融化的降雪，而降雪则来自上空的冰。这些雨滴可能与霰、冰雹和许多其他非气象散射体（如鸟类、昆虫）混合，从而影响雷达信号。从理论上讲，为了得到精确的 QPE，不同的水汽凝结体需要分别采用合适的散射模型。因此，准确识别雷达体积内不同水汽凝结体的种类，对于构建 QPE 算法十分重要。

3.3.1　雷达回波的极化特征

极化雷达所测量的各种目标的不同散射特性是水汽凝结体的分类依据。形状近似为球形（如小雨滴）的散射体或各向同性散射体（如下落的干冰雹），其 Z_{DR} 和 K_{dp} 值接近于零。Z_{DR} 和 K_{dp} 随颗粒尺寸的增加而增加。以 S 波段极化雷达为例，小雨、热带雨、弱对流降水、层状降水和强对流降水的 Z_{DR}（K_{dp}）通常能从 0 上升至 5 dB[3（°）/km]。Z_{DR} 和 K_{dp} 随着雨滴中值粒径和数浓度的增加而增加。表 3.2 给出了不同雷达回波极化变量（S 波段）的一些典型范围。从表 3.2 可知，不同雷达回波的极化特征不同，极具区分度，因此可采用极化特征来进行识别。

表 3.2 不同雷达回波极化变量（S 波段）的典型范围

类别	Z_H/dBZ	Z_{DR}/dB	K_{dp}/[（°）/km]	ρ_{hv}
雨（小、中、大）	5～55	0～5	0～3	0.98～1.0
霰	25～50	0～0.5	0～0.2	0.97～0.995
干冰雹	45～75	-1～1	-0.5～0.5	0.85～0.97
融化的冰雹	45～75	1～7	-0.5～1	0.75～0.95
冰晶	<30	<4	-0.5～0.5	0.98～1.0
干积雪	<35	0～0.3	0～0.05	0.97～1.0
湿积雪	<55	0.5～2.5	0～0.5	0.9～0.97
大地杂波	20～70	-4～2	极大噪声	0.5～0.95
生物散射体	5～20	0～12	低和极大噪声	0.5～0.8

3.3.2 分类算法

2.2.2 小节中介绍的模糊逻辑算法具有很大的灵活性，并且能够适应多个极化雷达的测量，可用于识别不同的水汽凝结体和非水汽凝结体。常用算法包括 NCAR 开发的雷达回波分类器（radar echo classifier，REC）（Vivekanandan et al.，1999）、NSSL 开发的极化水汽凝结体分类算法（hydrometeor classification algorithm，HCA）（Park et al.，2009；Straka et al.，2000），以及由科罗拉多州立大学（Colorado State University）开发的水汽凝结体分类系统（hydrometeor classification system，HCS）（Lim et al.，2005）等。这些算法通常对 10 种以上不同种类的雷达回波开展分类，如雨、雪、冰雹、杂波等。所需的输入信息除极化测量值外，还包括极化测量的纹理和/或误差信息。在一些算法中，还会使用如温度分布和径向速度等的其他信息。有关 HCA 的最新版本，请参见 Park 等（2009）的详细描述，其中，HCA 使用 6 个雷达变量进行分类：①Z_H；②Z_{DR}；③ρ_{hv}；④K_{dp}；⑤Z_H 的纹理信息；⑥Φ_{dp} 的纹理信息。

HCA 区分出 10 种雷达回波类型：①包括异常传播的大地杂波（GC/AP）；②生物散射体（BS）；③干积雪（DS）；④湿积雪（WS）；⑤各种取向的晶体（CR）；⑥霰（GR）；⑦大雨滴（BD）；⑧小雨和中雨（RA）；⑨大雨（HR）；⑩雨和冰雹的混合物（RH）。

Gourley 等（2007）在模糊逻辑算法中开发了基于雷达观测经验的隶属函数。由于雷达数据样本分离到每个单独的水汽凝结体种类十分困难，一般情况下，这种方法不适用于全种类的水汽凝结体。根据表 3.2 中所示的值，隶属函数往往不太精确，并且通常被设计为 β 函数或更简单的梯形函数，每个变量的权重也需人工指定。例如，在 Park 等

（2009）研究的 HCA 中，K_{dp} 仅用于 CR、HR 和 RH 的分类。对于其他类别，K_{dp} 的极化特征并不十分必要，因此可被忽略。ρ_{hv} 是 GC/AP、BS 和 WS 的主要鉴别因素。Z_H 和 Φ_{dp} 场的纹理变量也是识别 GC/AP 和 BS 的主要因素。检测绘制在 Z_H-Z_{RD} 平面上的数据是鉴别大多数水汽凝结体的基础。

数据质量是雷达回波分类的重点问题之一。数据质量可能由于测量偏差或错误而降低。Park 等（2009）的 HCA 在 NEXRAD 的极化雷达上运行，通过在聚合函数中引入一个置信矢量的附加加权参数来减小测量误差影响。HCA 考虑了几个误差因素，包括雷达误校准、衰减、不均匀波束填充（nonuniform beam filling，NUBF）、部分波束遮挡、ρ_{hv} 和信噪比。以上均是测量误差的来源或指标（Ryzhkov，2007；Giangrande and Ryzhkov，2005；Bringi and Chandrasekar，2001）。如果某一给定雷达测量值有严重的质量误差，则在分类方案中应降低该测量值的权重。

通过加入温度分布因素能够显著提升水汽凝结体分类的准确度。基于该信息，在算法开发中能更好地考虑降水相态。固态和液态水汽凝结体偶尔具有相似的极化特征，但它们的温差很大。表 3.2 中的干积雪和小雨的雷达测量值就是一个很好的例子。在这种情况下，当加入温度分布时，可有效解决该分类存在的模糊性。融化层的上、下及内部的物理过程不同（Cao et al.，2013b；Fabry and Zawadzki，1995），因此这些区域的水汽凝结体类型均有明确的物理限制。在融化层上方识别雨水或在其下方识别积雪是不合理的。同样，生物散射体也不太可能存在于融化层之上。

波束展宽和波束中心线高度随海拔的增加而增加，使得 HCA 的功能随距离的增加而愈加复杂。在特定距离 r_b 内，雷达仅测量雨区（融化层以下），而在特定距离 r_t 之外（$r_t>r_b$），雷达仅测量融化层以上的固态水汽凝结体。在 r_b 和 r_t 之间的距离内，雷达测量到的水汽凝结体可能来自雨区、融化层和/或冰区，这可能会增加这一距离内水汽凝结体分类的模糊性。为减少分类误差，HCA 已采用多项规则来将雷达回波类别限制为距离函数。在 r_b 距离内，仅存在 GC/AP、BS、BD、RA、HR 和 RH。在 r_t 距离之外，HCA 仅识别 DS、CR、GR 和 RH。而在 r_b 和 r_t 之间的距离内，可以识别 GC/AP、BS、WS、GR、BD、RA、HR、RH、DS 和 CR。通过融化层高度的物理约束，可以大大降低分类的模糊性。

3.4　基于极化雷达的定量降水估测

理论上，可使用以下公式计算降水强度（R）：

$$W=\frac{\pi}{6}\times10^{3}\rho\int_{D_{\min}}^{D_{\max}}D^{3}N(D)\mathrm{d}D(\mathrm{g/m^{3}})\tag{3.14}$$

$$R=6\pi\times10^{-4}\int_{D_{\min}}^{D_{\max}}D^{3}v(D)N(D)\mathrm{d}D(\mathrm{mm/h})\tag{3.15}$$

其中，D、ρ、$v(D)$和 $N(D)$的单位分别为 mm、g/cm^3、m/s 和 m^{-3}·mm^{-1}，ρ 是水汽凝结体

（雨滴等）的密度，$v(D)$是它的最终下落速度，主要取决于颗粒的尺寸和密度，还与颗粒形状和环境空气密度有关。一般而言，粒子下落速度的近似值可以通过幂律关系表示为

$$v(D) = a_1 D^{b_1} \text{①} \text{(m/s)} \tag{3.16}$$

其中，a_1的典型值为 3.6～4.2，b_1的典型值为 0.6～0.67。Atlas 和 Ulbrich（1977）提出的一个常用关系式是 $v(D) = 3.78D^{0.67}$。Atlas 等（1973）引入了指数关系，即 $v(D) = 9.65-10.3e^{-0.6D}$。通过将文献中的不同关系和观测结果相结合，Brandes 等（2002）提出的雨滴下落速度的多项式关系式为 $v(D)=-0.102\,1+4.932D-0.955\,1D^2+0.079\,34D^3-0.002\,362D^4$。冰雹和雪团的下落速度与颗粒密度和阻力有很大的关系，但冰雹和雪团的密度可能因风暴类型的不同而不同，并且它们的不规则形状也可能引起不同的阻力，因此它们的下落速度通常比雨滴具有更大的变化。对冰雹而言，$v(D)=3.62D^{0.5}$（Matson and Huggins，1980）。对雪团而言，$v(D)=0.98D^{0.31}$（Gunn and Marshall，1958）。

根据式（3.14）和式（3.15），液态水含量 W 和降水强度 R 是 DSD 的不同矩。例如，R 约是 DSD 的 3.67 阶矩。此外，Z_H、K_{dp} 和 A_H 也可以用 PSD 矩表示。在瑞利散射条件下，Z_H 可以近似为 DSD 的 6 阶矩。降水中的 K_{dp} 与雷达波长为 10 cm 的 4.24 阶矩近似呈正比关系（Sachidananda and Zrnić，1986）。因此，通常可以寻求雷达变量（Z_H、K_{dp} 或 A_H）和体积变量（W 或 R）之间的相关关系，为降水估测提供经验方法。

根据已有研究可知，针对不同降水类型、季节和位置，Z_h-R 呈现出不同的关系。Rosenfeld 和 Ulbrich（2003）对 Z_h-R 关系进行了全面的回顾，并总结了可能导致 Z_h-R 变化的微观物理过程。尽管目前已经设计出众多雷达算法来识别不同类型降水的某些特征信号，如对流或层状回波等，但常规雷达无法直接表示出 DSD 的自然变异性。而极化变量可用于观测 DSD 的变异特征，从而提高 QPE 的精度。

一般情况下，基于极化雷达变量的降水强度估测器采用的函数关系如下：

$$R(Z_h, Z_{dr}) = aZ_h^b Z_{dr}^c \tag{3.17}$$

$$R(K_{dp}) = aK_{dp}^b \tag{3.18}$$

$$R(K_{dp}, Z_{dr}) = aK_{dp}^b Z_{dr}^c \tag{3.19}$$

其中，R 以 mm/h 为单位，Z_h 和 K_{dp} 的线性单位分别为 mm^6/m^3 和（°）/km，Z_{dr} 是量纲为一的线性比。

表 3.3 列出了 S 波段、C 波段和 X 波段几种常用的极化雷达降水强度估测器的参数 a、b 和 c。由于不同的雨滴形状模型假设和/或不同的本地 DSD 气候，这些参数可能会发生改变（Bringi et al.，2011；Matrosov，2010）。例如，Ryzhkov 等（2005a）展示了基于不同雨滴形状模型的几种 S 波段极化降水强度估测的差异（Bringi et al.，2003；Brandes et al.，2002；Chuang and Beard，1990；Pruppacher and Beard，1970）。尽管假设的雨滴形状模型存在差异，但研究表明，极化雷达降水强度估测器对 DSD 的变化不太敏感，并且与传统的单极化关系相比，该函数在总体上改进了降水强度估测效果。

① 译者注：原著中为 a，b，为与公式（3.17）～（3.19）区分开，此处修改为 a_1，b_1。

表 3.3　几种常用的极化雷达降水强度估测器的参数

降水强度	a	b	c	注释
	6.7×10^{-3}	0.927	−3.43	S 波段（10 cm）
$R(Z_h,Z_{dr})$	5.8×10^{-3}	0.91	−2.09	C 波段（5.5 cm）
	3.9×10^{-3}	1.07	−5.97	X 波段（3 cm）
	50.7	0.85		S 波段（10 cm）
$R(K_{dp})$	24.68	0.81		C 波段（5.5 cm）
	17.0	0.73		X 波段（3 cm）
	90.8	0.93	−1.69	S 波段（10 cm）
$R(K_{dp},Z_{dr})$	37.9	0.89	−0.72	C 波段（5.5 cm）
	28.6	0.95	−1.37	X 波段（3 cm）

每个极化估测器都有其自身的优点和缺点。使用 Z_{dr} 可以更好地估测代表 DSD 中值的雨滴，即对总雨量贡献最大的雨滴。但由于微物理量变化，Z_{dr} 的动态变化范围较小，比其他极化雷达变量更容易受到测量误差和校准误差的影响。Z_{dr} 是一个相对测量值，必须与 Z_h 和/或 K_{dp} 结合进行降水强度估测。一般而言，Z_{DR} 的测量误差约为十分之几 dB。K_{dp} 是一个相位测量值，不受雷达绝对校准中任何误差的影响，在传播路径上不受降水衰减的影响，受混合相降水（如雨和冰雹）的影响也较小。但由于 K_{dp} 是根据给定路径长度上 Φ_{dp} 的测量结果得出的，当路径长度减小到 2 km 以下时，K_{dp} 的估测误差会迅速增加（Bringi and Chandrasekar，2001）。这意味着对于 K_{dp}，精度和距离分辨率两者不可兼得。一般而言，K_{dp} 的估测精度为 0.3～0.4（°）/km，对大雨的估测误差小于对小雨的估测误差。因此，在降水变强和/或与冰雹混合时，$R(K_{dp})$比其他估测器更适合，而在小雨时，不适合使用 $R(K_{dp})$关系。

Z_h、Z_{dr} 和 K_{dp} 的测量误差可能会传播到最终的降水强度估测中。仅仅通过估测量误差，不能有效表示极化变量和降水强度估测中相关联的物理变化。该变化还可能导致降水强度估测的不确定性，因此，总估测误差应归因于两点：ε_m 是来自测量值的误差，ε_p 是估测器的参数误差（Bringi and Chandrasekar，2001）。

$$\hat{R} = R + \varepsilon_m + \varepsilon_p \tag{3.20}$$

$$\sigma_R^2 = \sigma_m^2 + \sigma_p^2 \tag{3.21}$$

其中，R 表示真实降水强度，符号ˆ表示估测值；σ^2 表示误差方差，下标 R、m 和 p 分别表示与估测误差、测量误差和参数误差相关的方差。

Bringi 和 Chandrasekar（2001）展示了不同降水强度估测器的误差量化结果。对于单极化雷达降水强度估测器 $R(Z_h)$，Z_H 中的 0.8 dB 测量误差，可导致 R 估测的不确定性约为 15%。但在降水强度为 50 mm/h 的情况下，其参数误差出现了 40%的不确定性，在降水强度为 1～250 mm/h 时，其平均不确定性为 45%。对于 $R(K_{dp})$，当降水强度为 50 mm/h 时，参数不确定性降低至 25%，平均不确定性降低至 27%。对于 $R(K_{dp},Z_{dr})$，参数平均不确定性进一步减小至15%。$R(Z_h,Z_{dr})$的参数不确定性相同。Z_H的0.8 dB测量误差和Z_{DR}的0.2 dB测量误差可能导致降水强度估测的不确定性达到 24%。这意味着 Z_{dr} 的使用增加了更多的测量误差，使不确定性比 $R(Z_h)$增加了 9%。但 $R(K_{dp},Z_{dr})$极大地降低了由参数误差引起的估测不确定性，从原来的 45%降低至 15%。

通过对不同估测值进行误差分析，可以得出以下结论：极化测量的使用可能会增大测量误差效应，但可以有效减小参数误差效应。测量误差和参数误差共同决定了降水估测的总体改进效果。由于每个估测器都有其自身的局限性，所以需要找到一种最佳组合方式，以进行更好的估测。通过结合以下估测器，Ryzhkov 等（2005a）提出了用于 S 波段极化雷达的“合成”估测器：

$$\begin{cases} R = \overline{R(Z_h)}/f_1(\overline{Z_{dr}}), & \overline{R(Z_h)} \leqslant 6\ \text{mm/h} \\ R = \overline{R(K_{dp})}/f_2(\overline{Z_{dr}}), & 6\ \text{mm/h} < \overline{R(Z_h)} \leqslant 50\ \text{mm/h} \\ R = \overline{R(K_{dp})}, & \overline{R(Z_h)} > 50\ \text{mm/h} \end{cases} \tag{3.22}$$

和

$$\begin{cases} R(Z_h) = 1.7\times 10^{-2} Z_h^{0.714} \\ R(K_{dp}) = 44.0\,|K_{dp}|^{0.822}\ \text{sign}(K_{dp}) \\ f_1(Z_{dr}) = 0.4 + 5.0\,|Z_{dr}-1|^{1.3} \\ f_2(Z_{dr}) = 0.4 + 3.5\,|Z_{dr}-1|^{1.7} \end{cases} \tag{3.23}$$

其中，$|\cdot|$表示绝对值；“sign”表示符号函数；平均值$\overline{R(Z_h)}$、$\overline{R(K_{dp})}$和$\overline{Z_{dr}}$是指在 1 km×1° 区域内求取平均。

Ryzhkov 等（2005a）使用雷达数据，以及 2002 年 4 月～2003 年 7 月俄克拉何马州地面雨量站的观测值，对不同的估测器进行了评估。他们的研究表明，极化雷达降水强度估测器优于单极化雷达降水强度估测器 $R(Z_h)$。当用 K_{dp} 代替 Z_h 用于降水强度估测时，结果能得到很大的改进。在加入 Z_{dr} 时，结果会进一步改进。若能以最优方式使用 Z_h、Z_{dr} 和 K_{dp}，那么合成估测器 $R(Z_h,Z_{dr},K_{dp})$将具有最佳性能。

3.5 微物理量反演

极化雷达参数不仅可用于估测降水强度，还能提供包括与水汽凝结体有关的许多其他数据信息，如特征尺寸、数浓度和含水量等。这些数据都可用于微物理量研究及数值天气预报（numerical weather prediction，NWP）模式的资料同化中。PSD 提供降水微物理量的基本信息，这些信息可被用于计算相关的雷达参数和降水变量。本节介绍的重点是雨的微物理量。下面将概述 DSD 模型及其反演方法。

3.5.1　雨滴粒径分布模型

DSD 的反演取决于使用何种 DSD 模型。DSD 模型一般假定自然雨的微物理量近似值可以用数学函数来表示。气象学界的研究人员通常使用以下 DSD 模型。

Marshall-Palmer（M-P）模型：

$$N(D)=8\,000\mathrm{e}^{-\Lambda D} \tag{3.24}$$

指数模型：

$$N(D)=N_0\mathrm{e}^{-\Lambda D} \tag{3.25}$$

γ 模型：

$$N(D)=N_0D^{\mu}\mathrm{e}^{-\Lambda D} \tag{3.26}$$

对数正态模型：

$$N(D)=\frac{N_{\mathrm{T}}}{\sqrt{2\pi}\ \sigma_{\mathrm{r}}D}\mathrm{e}^{\frac{-(\ln D-\eta)^2}{2\sigma_{\mathrm{r}}^2}} \tag{3.27}$$

著名的 M-P 模型（Marshall and Palmer，1948）在过去 50 年中得到了广泛的应用，是一个具有斜率参数 Λ 的单参数模型，能基于单极化雷达制订降水参数化及降水估测的整体方案。而上述指数模型是一个具有斜率参数 Λ 和浓度参数 N_0 的双参数模型。它比 M-P 模型更为灵活（M-P 模型等同于具有固定 N_0 值的指数模型）。指数模型常用于冰/雪的 PSD 建模。目前，三参数模型 γ 模型（Ulbrich，1983）被广泛认为是表示自然 DSD 变化最准确的模型。除 N_0 和 Λ 外，γ 模型还引入了一个形状参数 μ，该参数随降水类型的变化而变化。另外，也有一些研究使用了归一化的 γDSD 模型（Bringi et al.，2002），该模型引入了与批量变量相关的 DSD 参数，是一个对数正态模型。它还使用了三个参数：总数浓度 N_{T}、平均值 η 和高斯分布的标准偏差 σ_{r}。

该模型假定多元高斯分布可描述雨滴的随机性。多元高斯分布从概率论的角度能很好地解释 DSD，且其数学计算也并不复杂。但它可能不是与观测到的 DSD 最为匹配的模型。

上述 DSD 模型有其自身的优点和局限性。相比之下，γ 模型在对观测到的 DSD 进行建模时表现出来的性能通常最佳。图 3.2 展示了 DSD 模型的一个示例，其中，“∗”表

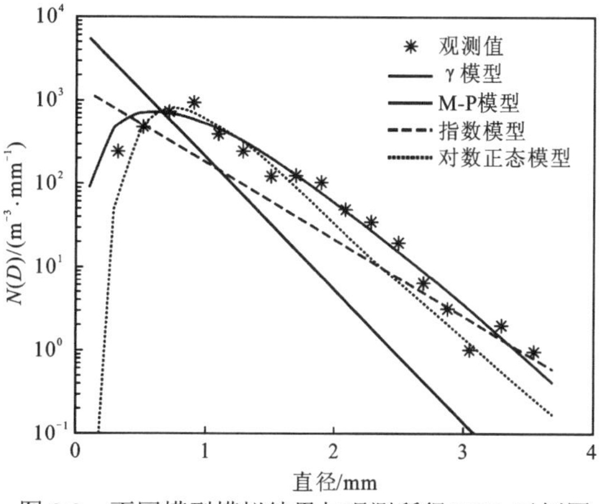

图 3.2　不同模型模拟结果与观测所得 DSD 示例图

示通过雨滴测量器观测到的 DSD，四条曲线分别表示采用四个模型拟合出的分布情况。显然，只有一个参数的 M-P 模型与观测的 DSD 匹配度最低。具有更高自由度（即更多参数）的 DSD 模型能够更好地模拟出观测值，γ 模型的模拟效果最佳。由此可知，为了改进模拟效果，进行 DSD 反演时往往需要估测更多的参数。3.5.2 小节将对此进行具体说明。

3.5.2 雨滴粒径分布反演

降水的 DSD 可提供与降水有关的微物理量基本信息。在给定 DSD 的情况下，可以计算出用于描述降水特性的所有积分参数（如 R、Z_h 和液态水含量）。如要反演 DSD，必须对 DSD 模型进行一定的假设。尽管三参数 γ 模型在匹配和描述自然 DSD 方面比其他更简单的模型要精确，但在反演用于描述降水特性的相关参数方面，仍然存在着挑战。三参数 DSD 模型需要来自至少三个雷达测量值的独立信息。但极化变量对雷达测量误差的影响可能大于它们所做出的贡献。如果在测量中产生了太多的误差，那么最好使用更少的变量和更简单的 DSD 模型。一般情况下，Z_h 和 Z_{dr} 被认为是 DSD 反演的两个最可靠的极化测量值，所以通常选择反演这两个参数来描述 DSD。

对于双参数 DSD 模型，应选择指数模型。但在指数模型中，DSD 的形状参数被强制规定为一个常数，因此在采用该模型时，始终需假设较小的雨滴比较大的雨滴具有更大的数浓度。但在暴雨演变的某些阶段，这一假设并不适用于所有类型的雨。一些基于雨滴测量器的地面观测表明，极小雨滴（<0.6 mm）数浓度小于直径在 0.8～1.0 mm 的雨滴数浓度（Cao and Zhang，2009）。在具有固定非零 μ 值的 γ 模型中，DSD 的形状可以是凸形。但由于 μ 值为主观选择的值，所以可能无法确切代表事实情况。部分研究表明，γ 模型作为表示自然 DSD 的最佳模型，它的三个参数（N_0、μ 和 Λ）并非相互独立（Cao et al.，2008；Brandes et al.，2004；Zhang et al.，2001；Haddad et al.，1997；Chandrasekar and Bringi，1987；Ulbrich，1983）。Zhang 等（2001）发现 μ 与 Λ 高度相关，并进一步提出了一个约束伽马（constrained-Gamma，C-G）DSD 模型。C-G DSD 模型采用实证 μ-Λ 关系，将 γ 模型简化为双参数模型，同时保持了用凸形表示自然 DSD 的灵活性。Cao 等（2008）使用俄克拉何马州中部的雨滴测量器观测结果改进了 C-G DSD 模型，经过改进的 μ-Λ 关系如下：

$$\mu=-0.0201\Lambda^2+0.902\Lambda-1.718 \tag{3.28}$$

在给定了两个雷达测量值（如 Z_h 和 Z_{dr}）和一个双参数 DSD 模型的情况下，存在两个未知参数和两个已知测量值，则可以直接根据式（3.1）～式（3.4）反演 DSD 参数。在反演 DSD 后，可以按照式（3.15）[①]计算 R。

3.5.3 降雪与冰雹估测

由于雪花和冰晶的颗粒形状与雨滴的扁球形有很大不同，降雪和冰雹的估测难度高

① 译者注：原著为 3.14，此处更正为 3.15。

于降雨的估测难度。降雪量估测的幂律法则关系可以表示为

$$Z_{\mathrm{e}} = \alpha R_{\mathrm{s}}^{\beta} \tag{3.29}$$

式中：Z_e 为雨滴的等效反射率，$\mathrm{mm^6/m^3}$；R_s 为降雪强度，表示为单位时间内的液体当量，mm/h。目前广泛使用的是 Sekhon 和 Srivastava（1970）提出的降雪强度估测函数 $Z_e=1\,780R_s^{2.21}$。Fujiyoshi 等（1990）比较了不同研究中提出的参数 α 和 β，结果表明 α（或 β）在 100～3 000（或 1～2.3）的范围内变化。极化雷达测量一般用于识别降雪，但很少用于定量估测降雪强度，这主要是因为天然雪花的复杂性使得雪花的散射特性难以被精确模拟，所以无法轻易使用 Z_{dr} 和其他极化变量。

极化雷达测量值可用于区分冰雹和雨（Depue et al.，2007；Aydin et al.，1986）。冰雹差分反射率（H_{DR}）被定义为

$$H_{\mathrm{DR}} = Z_{\mathrm{H}} - f(Z_{\mathrm{DR}})$$

其中，

$$f(Z_{\mathrm{DR}}) = \begin{cases} 27, & Z_{\mathrm{DR}} < 0\ \mathrm{dB} \\ 19Z_{\mathrm{DR}} + 27, & 0 \leqslant Z_{\mathrm{DR}} \leqslant 1.74\ \mathrm{dB} \\ 60, & Z_{\mathrm{DR}} > 1.74\ \mathrm{dB} \end{cases} \tag{3.30}$$

上述研究表明，采用 21 dB 和 30 dB 作为 H_{DR} 的阈值，能成功识别出大冰雹和结构性冰雹。垂直积分液态水含量（vertically integrated liquid water content，VIL）也能有效表征冰雹的存在及冰雹的大小（Amburn and Wolf，1997）。当强冰雹（尺寸>19 mm）显著增加时，VIL 密度通常大于 3.5 $\mathrm{g/m^3}$。值得注意的是，VIL 可通过雷达 Z_h 与液态水含量的实证关系来推导。

目前还没有广泛适用的 Z_h-R 关系来估测冰雹。Torlaschi 等（1984）推导出了冰雹的降水强度当量 R_H（mm/h）与 PSD 参数 Λ（$\mathrm{mm^{-1}}$）之间的关系：

$$\Lambda = \ln(88/R_{\mathrm{H}})/3.45 \tag{3.31}$$

Cheng 和 English（1983）提出了一个关系式 $N_0=115\Lambda^{3.63}$，对冰雹的指数 PSD 进行了建模。根据瑞利近似及式（3.31），雷达反射率 Z（$\mathrm{mm^6/m^3}$）和 R_H（mm/h）之间的实证关系为

$$Z = 5.38\times10^{6}[\ln(88/R_{\mathrm{H}})]^{-3.37} \tag{3.32}$$

3.5.4　验证

雷达 QPE 算法通常采用现场观测进行验证。雨滴测量器十分适合用于极化 QPE 和 DSD 反演算法的开发与评估。使用雨滴测量器可以验证反演中所采用的 DSD 假设。此外，雨滴测量器还可用于量化各种降水类型的 DSD 变化（Chang et al.，2009）。传统的雨滴测量器为撞击式，其设计原理是通过测量雨滴动量来推算雨滴大小（Tokay et al.，2001）。最常用的撞击式雨滴测量器是 Joss-Waldvogel（JW）雨滴测量器，其缺点是对小雨滴不敏感、分辨率较粗及可测量的尺寸范围有限等。最新的雨滴测量器使用光学技术来增强性能，包括一维激光光学雨滴测量器（OTT Parsivel 雨滴测量器、Thiess 雨滴测量器）和二维视频雨滴测量器（2DVD）等（Kruger and Krajewski，2002）。光学雨滴测量

器测量颗粒形状和下落速度的能力优于撞击式雨滴测量器。此外，光学雨滴测量器一般还能提供更为精确的 PSD/DSD 测量值。

问 题 集

定性问题

1. 瑞利散射和米氏散射的区别是什么？米氏散射对雷达降水测量的影响是什么？

2. 描述气象雷达在测量不同频率降水方面的优缺点：X 波段（3 cm）、C 波段（5 cm）和 S 波段（10 cm）（提示：可考虑雷达/天线尺寸、发射器功率、雷达距离、地球曲率效应、雷达分辨率、瑞利/米氏散射、降水衰减等方面的差异）。

3. 与单极化气象雷达相比，极化天气雷达提供的额外测量值有哪些？哪些测量可用于 QPE、质量控制和雷达回波分类？

4. 为什么理解水汽凝结体形状对解释极化雷达测量很重要？

5. 为什么 PSD/DSD 是理解降水性质的基础？

6. 描述消除杂波污染和校正雷达数据衰减的必要性。它们对雷达 QPE 有何影响？

7. 雷达反射率、降水强度、含水量、比衰减和比差分相位之间有什么关系？

8. 与单极化雷达相比，为什么极化雷达测量有助于提高 QPE？阐述 3.4 节中各估测器的优点（提示：可讨论测量误差和模型的不确定性）。

定量问题

1. 在瑞利散射假设下，雷达反射率近似于 DSD 的 6 阶矩。若 S 波段雷达有 3 个降水测量值，雷达反射率分别为 25 dBZ、35 dBZ 和 45 dBZ，差分反射率分别为 0.2 dB、0.8 dB 和 1.8 dB。

a. 根据极化估测器 $R(Z_h, Z_{dr})$计算降水强度。

b. 假设差分反射率分别为 0.4 dB、1.2 dB 和 2.4 dB，再次计算降水强度。解释与第一个结果的差异。

c. 现在假设使用 M-P 模型进行 DSD 反演，并根据反演出的 DSD 计算降水强度。将结果与前两个结果进行比较，并解释差异。

2. 假设 K_{dp} 的测量误差为 10%。以估测量 $R(K_{dp})$的百分比表示的 R 估测值的不确定性是多少？假设 Z_h 和 Z_{dr} 的测量误差分别为 1 dB 和 0.3 dB，估测器 $R(Z_h, Z_{dr})$的 R 估测值的不确定性是多少[提示：使用近似值$\sigma\hat{X}(\mathrm{dB}) \approx 10\,\lg 1+\sigma(\hat{X})/X$]？

3. Zhang 等（2001）推导出了用于量化雨滴后向散射振幅的经验关系式：$|f_h(\pi, D)| = 4.26^{-4}\times D^{3.02}$ 和 $|f_v(\pi, D)| = 4.76\times10^{-4}D^{2.69}$ 。下面给出了多个 DSD：

a. 数个指数模型，其中 Λ 在 1、2、4、6 和 8 中取值。

b. 数个 γ 模型，Λ 为 4，μ 在 0.5、1、1.5、2 和 3 中取值。

计算这些 DSD 的 Z_{DR} 值，并描述中值大小 D_0 和/或 μ 随 Z_{DR} 的变化（提示：雨滴直径一般小于 8 mm）。

4. 假定雷达反射率和差分反射率分别为 30.1 dBZ 和 1.7 dB，估测 X 波段、C 波段和 S 波段雷达测量的特定差分相位[（°）/km]，并解释其差异。

参 考 文 献

Amburn, S. A., and P. L. Wolf. 1997. VIL density as a hail indicator. *Weather and Forecasting* 12: 473-478.

Atlas, D., and C. W. Ulbrich. 1977. Path-and area-integrated rainfall measurement by microwave attenuation in the 1-3 cm band. *Journal of Applied Meteorology* 16: 1322-1331.

Atlas, D., R. C. Srivastava, and R. S. Sekhon. 1973. Doppler radar characteristics of precipitation at vertical incidence. *Reviews of Geophysics and Space Physics* 11: 1-35.

Aydin, K., T. A. Seliga, and V. Balaji. 1986. Remote sensing of hail with a dual-linear polarization radar. *Journal of Climate and Applied Meteorology* 25: 1475-1484.

Battan, L. J. 1973. *Radar Observation of the Atmosphere*. Chicago: University of Chicago Press.

Brandes, E. A., G. Zhang, and J. Vivekanandan. 2002. Experiments in rainfall estimation with a polarimetric radar in a subtropical environment. *Journal of Applied Meteorology* 41: 674-685.

Brandes, E. A., G. Zhang, and J. Vivekanandan. 2004. Drop size distribution retrieval with polarimetric radar: Model and application. *Journal of Applied Meteorology* 43: 461-475.

Bringi, V. N., M. A. Rico-Ramirez, and M. Thurai. 2011. Rainfall estimation with an operational polarimetric C-band radar in the United Kingdom: Comparison with a gauge network and error analysis. *Journal of Hydrometeorology* 12: 935-954.

Bringi, V. N., V. Chandrasekar, J. Hubbert, E. Gorgucci, W. Randeu, and M. Schoenhuber. 2003. Raindrop size distribution in different climatic regimes from disdrometer and dual-polarized radar analysis. *Journal of Atmospheric Science* 60: 354-365.

Bringi, V., G. Huang, V. Chandrasekar, and E. Gorgucci. 2002. A methodology for estimating the parameters of a gamma raindrop size distribution model from polarimetric radar data: Application to a squall-line event from the TRMM/Brazil campaign. *Journal of Atmospheric and Oceanic Technology* 19: 633-645.

Bringi, V., and V. Chandrasekar. 2001. *Polarimetric Doppler Weather Radar: Principles and Applications*. Cambridge University Press.

Bringi, V. N., T. D. Keenan, and V. Chandrasekar. 2001. Correcting C-band radar reflectivity and differential reflectivity data for rain attenuation: A self-consistent method with constraints. *IEEE Transactions on Geoscience and Remote Sensing* 39: 1906-1915.

Bringi, V., V. Chandrasekar, N. Balakrishnan, and D. S. Zrnic. 1990. An examination of propagation effects in rainfall on radar measurements at microwave frequencies. *Journal of Atmospheric and Oceanic Technology* 7: 829-840.

Cao, Q., G. Zhang, E. Brandes, T. Schuur, A. V. Ryzhkov, and K. Ikeda. 2008. Analysis of video disdrometer and polarimetric radar data to characterize rain microphysics in Oklahoma. *Journal of Applied Meteorology and Climatology* 47: 2238-2255.

Cao, Q., and G. Zhang. 2009. Errors in estimating raindrop size distribution parameters employing disdrometer and simulated raindrop spectra. *Journal of Applied Meteorology and Climatology* 48: 406-425.

Cao, Q., G. Zhang, E. Brandes, and T. Schuur. 2010. Polarimetric radar rain estimation through retrieval of drop size distribution using a Bayesian approach. *Journal of Applied Meteorology and Climatology* 49: 973-990.

Cao, Q., G. Zhang, R. Palmer, M. Knight, R. May, and R. J. Stafford. 2012. Spectrum-time estimation and processing(STEP) for improving weather radar data quality. *IEEE Geoscience and Remote Sensing Letters* 50: 4670-4683.

Cao, Q., G. Zhang, and M. Xue. 2013a. A variational approach for retrieving raindrop size distribution from polarimetric radar measurements in the presence of attenuation. *Journal of Applied Meteorology and Climatology* 52: 169-185.

Cao, Q., Y. Hong, J. J. Gourley, Y. Qi, J. Zhang, Y. Wen, and P. Kirstetter. 2013b. Statistical and physical analysis of vertical structure of precipitation in mountainous West Region of US using 11+ year spaceborne TRMM PR observations. *Journal of Applied Meteorology and Climatology* 52: 408-424.

Carey, L. D., S. A. Rutledge, D. A. Ahijevych, and T. D. Keenan. 2000. Correcting propagation effects in C-band polarimetric radar observations of tropical convection using differential propagation phase. *Journal of Applied Meteorology* 39: 1405-1433.

Chandrasekar, V., and V. N. Bringi. 1987. Simulation of radar reflectivity and surface measurements of rainfall. *Journal of Atmospheric and Oceanic Technology* 4: 464-478.

Chang, W. Y., T. C. Wang, and P. L. Lin. 2009. Characteristics of the raindrop size distribution and drop shape relation in typhoon systems in the western Pacific from the 2D video disdrometer and NCU C-band polarimetric radar. *Journal of Atmospheric and Oceanic Technology* 26: 1973-1993.

Cheng, L., and M. English. 1983. A relationship between hailstone concentration and size. *Journal of Atmospheric Science* 40: 204-213.

Chuang, C., and K. Beard. 1990. A numerical model for the equilibrium shape of electrified raindrops. *Journal of Atmospheric Science* 47: 1374-1389.

Delrieu, G., H. Andrieu, and J. D. Creutin. 2000. Quantification of path-integrated attenuation for X- and C-band weather radar systems operating in mediterranean heavy rainfall. *Journal of Applied Meteorology* 39: 840-850.

Depue, T. K., P. C. Kennedy, and S. A. Rutledge. 2007. Performance of the hail differential reflectivity(HDR) polarimetric radar hail indicator. *Journal of Applied Meteorology and Climatology* 46: 1290-1301.

Fabry, F., and I. Zawadzki. 1995. Long-term radar observations of the melting layer of precipitation and their interpretation. *Journal of Atmospheric Science* 52: 838-851.

Fujiyoshi, Y., T. Endoh, T. Yamada, K. Tsuboki, Y. Tachibana, and G. Wakahama. 1990. Determination of a Z-R relationship for snowfall using a radar and high sensitivity snow gauges. *Journal of Applied Meteorology* 29: 147-152.

Giangrande, S. E., and A. V. Ryzhkov. 2005. Calibration of dual-polarization radar in the presence of partial beam blockage. *Journal of Atmospheric and Oceanic Technology* 22: 1156-1166.

Gorgucci, E., and L. Baldini. 2007. Attenuation and differential attenuation correction of C-band radar observations using a fully self-consistent methodology. *IEEE Geoscience and Remote Sensing Letters* 2: 326-330.

Gourley, J. J., P. Tabary, and J. Parent-du-Chatelet. 2007. A fuzzy logic algorithm for the separation of precipitating from non-precipitating echoes using polarimetric radar observations. *Journal of Atmospheric and Ocean Technology* 24: 1439-1451.

Gourley, J. J., A. J. Illingworth, and P. Tabary. 2009. Absolute calibration of radar reflectivity using redundancy of polarization observations and implied constraints on drop shapes. *Journal of Atmospheric and Ocean Technology* 26: 689-703.

Gunn, K. L. S., and J. S. Marshall. 1958. The distribution with size of aggregate snowflakes. *Journal of Meteorology* 15: 452-461.

Haddad, Z. S., D. A. Short, S. L. Durden, E. Im, S. Hensley, M. B. Grable, and R. A. Black. 1997. A new parameterization of the rain drop size distribution. *IEEE Transactions on Geoscience and Remote Sensing* 35: 532-539.

Hogan, R. J. 2007. A variational scheme for retrieving rainfall rate and hail reflectivity fraction from polarization radar. *Journal of Applied Meteorology and Climatology* 46: 1544-1564.

Hubbert, J. V., and V. N. Bringi. 1995. An iterative filtering technique for the analysis of coplanar differential phase and dual-frequency radar measurements. *Journal of Atmospheric and Oceanic Technology* 12: 643-648.

Hubbert, J. C., M. Dixon, and S. M. Ellis. 2009. Weather radar ground clutter. Part II: Real-time identification and filtering. *Journal of Atmospheric and Oceanic Technology* 26: 1181-1197.

Kruger, A., and W. F. Krajewski. 2002. Two-dimensional video disdrometer: A description. *Journal of Atmospheric and Oceanic Technology* 19: 602-617.

Lee, J. S., M. R. Grunes, and G. De Grandi. 1997. Polarimetric SAR speckle filtering and its impact on classification. *Proceedings of IEEE International Conference on Geoscience and Remote Sensing Symposium* 2: 1038-1040.

Lei, L., G. Zhang, R. J. Doviak, R. D. Palmer, B. L. Cheong, M. Xue, Q. Cao, and Y. Li. 2012. Multilag correlation estimators for polarimetric radar measurements in the presence of noise. *Journal of Atmospheric and Oceanic Technology* 29: 772-795.

Li, Y., G. Zhang, R. J. Doviak, L. Lei, and Q. Cao. 2012. A new approach to detect ground clutter mixed with weather signals. *IEEE Transactions on Geoscience and Remote Sensing* 99: 1-15.

Lim, S., V. Chandrasekar, and V. Bringi. 2005. Hydrometeor classification system using dual-polarization radar measurements: Model improvements and in situ verification. *IEEE Transactions on Geoscience and Remote Sensing* 43: 792-801.

Marshall, J. S., and W. M. Palmer. 1948. The distribution of raindrops with size. *Journal of Meteorology* 5: 165-166.

Matrosov, S. Y., K. A. Clark, B. E. Martner, and A. Tokay. 2002. X-band polarimetric radar measurements of rainfall. *Journal of Applied Meteorology* 41: 941-952.

Matrosov, S. Y. 2010. Evaluating polarimetric X-band radar rainfall estimators during HMT. J*ournal of Atmospheric and Oceanic Technology* 27: 122-134.

Matson, R. J., and A. W. Huggins. 1980. The direct measurement of the sizes, shapes and kinematics of falling hailstones. *Journal of Atmospheric Science* 37: 1107-1125.

Melnikov, V. M. 2006. One-lag estimators for cross-polarization measurements. *Journal of Atmospheric and Oceanic Technology* 23: 915-926.

Melnikov, V. M., and D. Zrnić. 2007. Autocorrelation and cross-correlation estimators of polarimetric variables. *Journal of Atmospheric and Oceanic Technology* 24: 1337-1350.[①]

Moisseev, D. N., and V. Chandrasekar. 2009. Polarimetric spectral filter for adaptive clutter and noise suppression. *Journal of Atmospheric and Oceanic Technology* 26: 215-228.

Morse, C. S., R. K. Goodrich, and L. B. Cornman. 2002. The NIMA method for improved moment estimation from Doppler spectra. *Journal of Atmospheric and Oceanic Technology* 19: 274-295.[②]

Nguyen, C. M., D. N. Moisseev, and V. Chandrasekar. 2008. A parametric time domain method for spectral moment estimation and clutter mitigation for weather radars. *Journal of Atmospheric and Oceanic Technology* 25: 83-92.

Park, H., A. V. Ryzhkov, D. S. Zrnić, and K. Kim. 2009. The hydrometeor classification algorithm for the polarimetric WSR-88D: Description and application to an MCS. *Weather and Forecasting* 24: 730-748.

Park, S. G., V. N. Bringi, V. Chandrasekar, M. Maki, and K. Iwanami. 2005. Correction of radar reflectivity and differential reflectivity for rain attenuation at X band. Part I: Theoretical and empirical basis. *Journal of Atmospheric and Oceanic Technology* 22: 1621-1632.

Pruppacher, H., and K. Beard. 1970. A wind tunnel investigation of the internal circulation and shape of water drops falling at terminal velocity in air. *Journal of the Royal Meteorological Society* 96: 247-256.

Rosenfeld, D., and C. W. Ulbrich. 2003. Cloud microphysical properties, processes, and rainfall estimation opportunities. *American Meteorological Society Meteorological Monographs* 30: 237.

Ryzhkov, A. V. 2007. The impact of beam broadening on the quality of radar polarimetric data. *Journal of Atmospheric and Oceanic Technology* 24: 729-744.

Ryzhkov, A., S. Giangrande, and T. Schuur. 2005a. Rainfall estimation with a polarimetric prototype of WSR-88D. Journal of Applied Meteorology 44: 502-515.

Ryzhkov, A. V., and D. S. Zrnić. 1995. Precipitation and attenuation measurements at a 10-cm wavelength. *Journal of Applied Meteorology* 34: 2121-2134.

Ryzhkov, A. V., S. E. Giangrande, V. M. Melnikov, and T. Schuur. 2005b. Calibration issues of dual-polarization radar measurements. *Journal of Atmospheric and Oceanic Technology* 22: 1138-1155.

Sachidananda, M., and D. S. Zrnić. 1986. Differential propagation phase shift and rainfall rate estimation. *Radio Science* 21: 235-247.

① 译者注：原著中此参考文献缺失。
② 译者注：原著中此参考文献缺失。

Sekhon, R. S., and R. C. Srivastava. 1970. Snow-size spectra and radar reflectivity. *Journal of Atmospheric Science* 27: 299-307.

Siggia, A., and R. Passarelli. 2004. Gaussian model adaptive processing(GMAP)for improved ground clutter cancellation and moment calculation. *Proceedings of 3rd European Conference on Radar in Meteorology and Hydrology*, Visby.

Straka, J. M., D. S. Zrnić, and A. V. Ryzhkov. 2000. Bulk hydrometeor classification and quantification using polarimetric radar data: Synthesis of relations. *Journal of Applied Meteorology* 39: 1341-1372.

Tokay, A., A. Kruger, and W. F. Krajewski. 2001. Comparison of drop size distribution measurements by impact and optical disdrometers. *Journal of Applied Meteorology* 40: 2083-2097.

Torlaschi, E., R. G. Humphries, and B. L. Barge. 1984. Circular polarization for precipitation measurement. *Radio Science* 19: 193-200.

Torres, S. M., and D. S. Zrnić. 1999. Ground clutter canceling with a regression filter. *Journal of Atmospheric and Oceanic Technology* 16: 1364-1372.

Ulbrich, C. 1983. Natural variations in the analytical form of the raindrop size distribution. *Journal of Climate and Applied Meteorology* 22: 1764-1775.

Vivekanandan, J., S. M. Ellis, R. Oye, A. V. Ryzhkov, and J. M. Straka. 1999. Cloud microphysics retrieval using S-band dual-polarization radar measurements. *Bulletin of the American Meteorological Society* 80: 381-388.

Vivekanandan, J., G. Zhang, S. Ellis, D. K. Rajopadhyaya, and S. K. Avery. 2003. Radar reflectivity calibration using differential propagation phase measurement. *Radio Science* 38: 8049.

Xue, M., M. Tong, and G. Zhang. 2009. Simultaneous state estimation and attenuation correction for thunderstorms with radar data using an ensemble Kalman filter: Tests with simulated data. *Journal of the Royal Meteorological Society* 135: 1409-1423.

Zhang, G., J. Vivekanandan, and E. Brandes. 2001. A method for estimating rain rate and drop size distribution from polarimetric radar. *IEEE Transactions on Geoscience and Remote Sensing* 39: 830-840.

Zrnić, D. S., V. M. Melnikov, and J. K. Carter. 2006. Calibrating differential reflectivity on the WSR-88D. *Journal of Atmospheric and Oceanic Technology* 23: 944-951.

第4章

多雷达多传感器算法

随着互联网-2 快速数据传输及高效数据压缩技术的出现，来自新一代雷达（next generation radar，NEXRAD）网络的基本级（即 II 级）雷达数据可被实时传输并处理。该流程首次出现在协同雷达采集现场实验（Collaborative Radar Acquisition Field Test，CRAFT）项目中（Kelleher et al.，2007；Droegemeier et al.，2002）。雷达数据首先被传输到地区中心，接着传输至美国国家气象局（National Weather Service，NWS）下属的一个国家级处理和存档中心（Crum et al.，2003）。例如，首批地区中心之一的亚利桑那州菲尼克斯（Phoenix，Arizona）由五个周边 WSR-88D 站点组成。在 Gourley 等（2002，2001）的研究中，展示了首个实时降水估测算法，该算法处理运行 II 级雷达数据，被称为基于多传感器的定量降水估测（quantitative precipitation estimation，QPE）和分离（QPE and segregation using multiple sensors，QPE SUMS）技术，所产生的降水类型和后续产品被提供给菲尼克斯盐河项目（Salt River Project）的预报员和水利管理人员，用于支撑实际业务工作。随着更多的 WSR-88D 加入网络，雷达算法也逐渐改进。最终，所有雷达均实现并网，首个美国国家 QPE 及其他雷达降水产品于 2006 年起开始在美国国家强风暴实验室(National Severe Storms Laboratory, NSSL)实时运行。Zhang 等（2011）描述了使用单极化雷达数据的全国拼图和 QPE (national mosaic and QPE，NMQ) 系统当时的最新状况。2013 年，整个 NEXRAD 网络实现了双极化技术升级。此外，NWS 也决定从 2014 年开始运行 NMQ 系统。该系统随后更名为多雷达多传感器（multi-radar multi-sensor，MRMS）算法，对应 NWS 的运作和升级后的算法变化。本章将对 MRMS 算法的整体情况进行概述。

MRMS 算法首先从约 146 个 WSR-88D 气象雷达、30 个加拿大气象雷达、2 个终端多普勒气象雷达及 1 个电视台气象雷达中获取 II 级矩数据（即原始雷达变量）。图 4.1 显示的是全北美各个气象雷达的位置（采用 3 个或 4 个字母标识符标记）。该数据的接收处理过程还包括美国水文气象自动数据系统中约 9 000 h 雨量计数据的处理。详细说明如下：https://www.weather.gov/owp/oh/hads/WhatIsHADS.html（由于 noaa 网站更新，此处对原网站信息进行替换，译者注）。这些数据被用于 QPE 的误差校正。此外，在生产数据的多个阶段中，还引入了来自快速刷新模型的三维温度分析技术来指导多传感器算法。在输入系统后，每个雷达的数据开始被单独处理，随后创建二维和三维空间拼图，最后对 QPE 产品进行在线生成和评估。基于 MRMS 算法的产品最显著的特点是准确、一致且分辨率高（这一点最为重要）。QPE 及其拼图产品能在全美 0.01° 分辨率的格网（约 1 km）上每隔 2 min 生成一次，其高分辨率这一显著特点已在卫星遥感领域引起了广泛关注。基于 MRMS 算法的降水产品的像元分辨率低于大多数卫星 QPE 产品，即使原始信号来自近地轨道平台传感器。不同于依赖降水产品的统计降尺度，基于 MRMS 算法的降水产品的采样分辨率可达到绝大多数 QPE 产品的卫星像元分辨率，因此能为遥感研究提供宝贵信息（Kirstetter et al.，2013，2012）。

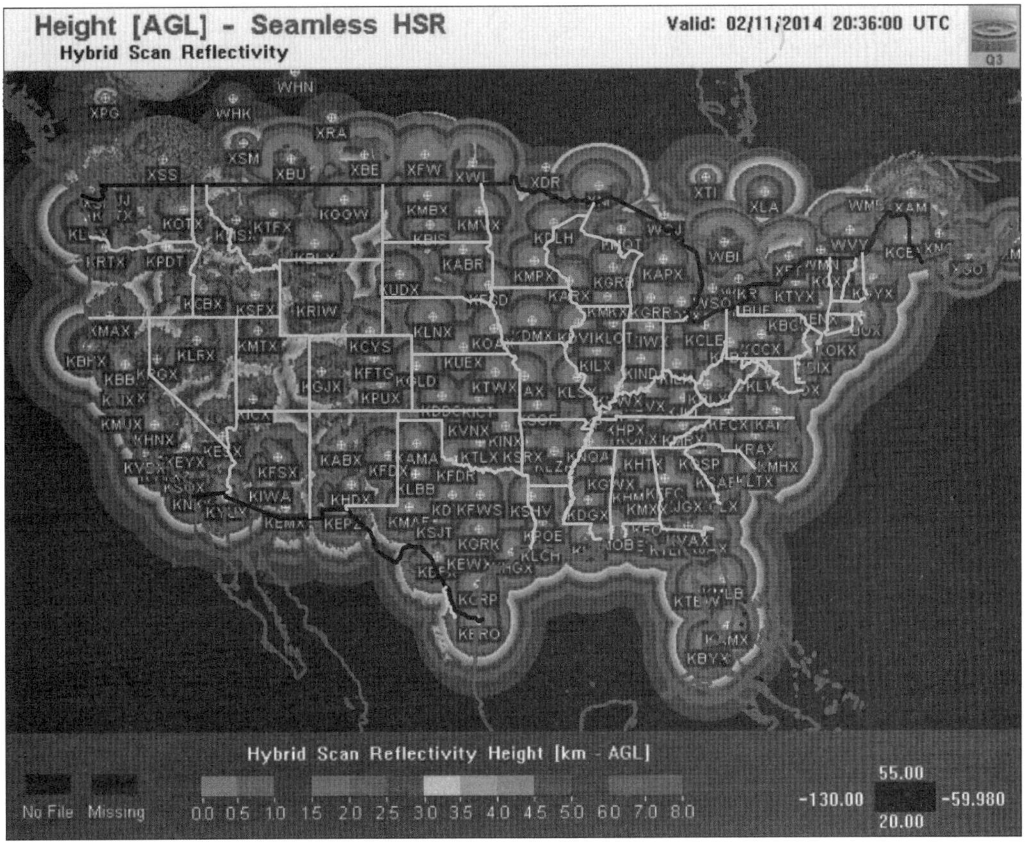

扫一扫，见彩图

图 4.1　混合扫描反射率高度产品及 146 个 WSR-88 D 站点位置

该产品的数值为地面以上千米数；站点采用 3 个或 4 个字母标识符进行标记，用于生成基于 MRMS 算法的产品的套件

4.1　单雷达处理

在以每个雷达为中心的本地球面坐标系中对极化雷达变量实行质量控制是单一雷达数据处理流程的第一步。双极化质量控制（dual-polarization quality control，dpQC）算法的目标是消除所有非气象散射体，同时保持极少量的降水。如果雷达在暖季晴空模式（如体积扫描模式 32）下运行，由于采用长脉冲，晴空模式高度灵敏，所有回波都可被消除。当气象回波在雷达的监视区域内形成时，雷达站通过自动监测阈值，可立即切换到降水模式。雷达在暖季处于晴空模式时，回波的滤除可以极大程度地减少降水量的虚假积累。这些虚假积累往往是由昆虫、鸟类等频繁出现而产生的微弱的空气回波积累造成的。紧接着，出现明显遮挡（>50%）或波束底部无法穿透底层地形至少 50 m 的区域内，数据被删除。此步骤假设雷达波束在标准大气中的传播方式与其在精确的下垫面数字高程模型（digital elevation model，DEM）中的传播方式相同。非标准波束传播及 DEM 未能表征的地面特征（如树和建筑物等）将在之后的步骤中进行处理。

4.1.1 双极化质量控制

关于 MRMS 算法中使用的 dpQC 算法的细节，参见 Tang 等（2014）的研究。基于决策树逻辑的 dpQC 算法中涉及的主要参数为共极相关系数（ρ_{hv}）。在确定 ρ_{hv} 阈值之前，该算法先检测与固有的低 ρ_{hv} 相关的水汽凝结体，如冰雹、不均匀波束填充（nonuniform beam filling，NUBF）情况及融化层。不受 dpQC 算法影响的回波主要表现为以下特征：ρ_{hv}<0.95，18 dBZ 回波顶部高于 8 km，且波束柱中有 Z_H>45 dBZ 的回波。符合这些标准的体积单元一般情况下都很高大、密集，并且可能含有冰雹。具有 NUBF 的情况可通过 ρ_{hv}<0.95 的雷达数据单元检测，0 dBZ 回波顶部高于 9 km，且在所述体积单元与 Z_H>45 dBZ 的雷达之间存在一个单元。这可能引发 NUBF 情况，并导致更远距离处的 ρ_{hv} 降低。接着，dpQC 算法以类似于 Giangrande 等（2008）所描述的方式搜索融化层。一般该处雷达周围环形区域内的 ρ_{hv} 减小，环境温度必须接近 0℃。对于疑似为融化层的层区，dpQC 算法对其数据不予采用。

当筛选出具有固有低 ρ_{hv} 的气象回波后，对剩余的 ρ_{hv}<0.95 的回波进行筛选。但在彻底滤除它们之前，dpQC 算法能识别出噪声，其中偶尔呈现出的较高 ρ_{hv} 可能与非气象回波有关。因此，该算法进一步检测 ρ_{hv} 的空间梯度或纹理。如果 1 km 径向段内的标准偏差小于 0.1，则保留回波进行后续处理。接着，使用尖峰滤波器识别沿着小楔形径向延伸的反射率值（尖峰滤波器是一种用于滤除雷达回波中异常值的滤波器，通常用于滤除由于雷达故障或其他干扰而产生的偏离正常值的反射率值），这些尖峰是由电子干扰和日出日落引起的。在雷达系统中，电子干扰可能会导致反射率值出现异常值，这些异常值通常表现为尖峰。此外，当太阳升起或落下时，它的辐射可能会干扰雷达系统，也会导致反射率值出现尖峰。该算法搜索 Z_H>0 dBZ 的相邻雷达波束，其跨度超过 30 km 的范围。如果在下一个最高倾斜处沿径向检查 Z_H 时，潜在受污染的体积单元数量减少 90%以上，则假定污染来自电子干扰或太阳辐射，需要对其进行滤除。对那些可能具有随机高 ρ_{hv} 但被隔离的体积单元采取空间连续性测试，垂直梯度测试可消除衰减超过 50 dB/km 的回波。通过检验 Z_H 数据在 1.25 km×1.5° 范围内的分布来识别噪声数据。如果超过一半的体积单元丢失 Z_H，或者邻域中未丢失的值的平均值小于中心体积单元 Z_H 的 25%，则中心体积单元的数据被认为是有噪声的，需随后被滤除。如果 Z_H>10 dBZ 的剩余体积单元的累计面积小于 10 km^2，则最终将删除该扫描角度下所获取的全部数据。

4.1.2 反射率因子垂直廓线校正

以下处理步骤是为了调整 Z_H 数据，使它们尽可能接近在地面测量的值。dpQC 算法进行滤波后，Z_H 在部分波束遮挡率<50%的区域中得到了补偿。使用 4/3 地球半径模型和雷达波束功率密度分布二阶贝塞尔函数（Doviak and Zrnić，1993）计算随距离增加的体积单元的体积和波束中心线高度。这一步骤会导致每 10%～50%的局部雷达波束遮挡增加约 1 dB。

在球面坐标系下构建反射率因子垂直廓线（vertical profile of reflectivity，VPR）时，选择距离雷达 20～80 km 的数据，并将数据插值到固定高度水平，从距离雷达高度 500 m 到 20 km，间隔为 200 m。在球面坐标系中对对流回波、层状回波和热带气旋回波进行降水类型的第一次分离，以便实现层状廓线的平均化。对流分层分离算法遵循 Qi 等（2013）提出的决策树逻辑。总之，如果廓线中任何位置的 Z_H 超过 55 dBZ、垂直积分液态水含量（vertically integrated liquid water content，VIL）超过 6.5 kg/km^2，或者 Z_H 在温度<−10 ℃时超过 35 dBZ，则将对流降水划分到该区域。在该处理阶段，基于 Xu 等（2008）研究的算法检查 VPR，以确定是否存在一个“热带”VPR，这可能与和暖雨过程相关的高效碰撞-凝聚微物理过程有关。热带降水识别算法首先要求融化层底部在离地高度 2 km 以上。然后，热带鉴别的关键特征是融化层下面的 VPR 斜率，如果 Z_H 随着降水的下降而增加（VPR 的负斜率），则该廓线被确定为热带廓线。接着，存储降水类型标识（对流、热带、层状），并将数据拼接到公共笛卡儿格网上，以便后续使用。

取 4 个最低倾斜处的 Z_h 方位角的平均值，为层状降水创建了一个“倾斜显著的 VPR”。大多数降水分类在完成数据拼图之后进行，但有些处理必须在球面坐标系下进行，并取决于近似的降水类型。VPR 校正是对候选倾角进行的一种修正，最终用于生成 QPE，因此每个倾角都被校正为表示地表等效 Z_H 的值。可使用一个简单的三段线性 VPR 模式描述 4 个最低倾斜处的层状降水方位角平均 VPR。这三个部分对应：①融化层顶部上方的原始冰区；②融化层上半部（从亮带顶部到亮带峰值）；③从亮带峰值到地面。在拟合 VPR 模型的斜率给定的情况下，如果在融化层内或以上测量到 Z_H，则根据以下线性方程对其进行校正：

$$Z_H^{\mathrm{corr}}(h_0) = Z_H^{\mathrm{obs}}(h) - [Z_H^{\mathrm{VPR}}(h) - Z_H^{\mathrm{VPR}}(h_0)](\mathrm{dBZ}) \tag{4.1}$$

其中，VPR 上标对应三段线性 VPR 的模拟反射率；h 是雷达测量高度；h_0 对应亮带的底部，该底部与地面近似（假设 Z_H 在亮带底部以下没有明显变化）；上标 corr 和 obs 分别对应校正和观测。式（4.1）用于降低亮带内测量的 Z_H，并增加在原始冰区高空测量的 Z_H。在此阶段，4 个最低倾斜处测量的 Z_H 数据已被校正，用于表示地面等效值。

当波束在超折射条件下传输和/或当 DEM 未有效表征树木、建筑物、通信塔和风力发电厂等地物时，Z_H 图像很可能出现雷达波束遮挡，可能导致具有较低 Z_H 的径向条纹，通常都可通过肉眼检测到。从统计学上讲，Z_H 中的这些径向条纹通常不会影响大量数据，但它们一般是静态的，并且可能导致对 QPE 累积结果的低估，尤其是在长时间的累积周期。对这些 QPE 累积图进行目视检查，可找到从雷达站点发出的楔形的低估区域。图 4.2 显示了俄克拉何马州诺曼市 KTLX 雷达周围的 4 个此类区域，以黄色箭头标记。MRMS 算法采用非标准遮挡缓解程序，使得相同距离处的相邻方位角 Z_h 数据被线性内插至伪影区域，从而产生更无缝的 Z_h 图像和 QPE 累积结果。图 4.2 展示的是该插值程序如何大幅度缓解楔形区域的低估情况。如果楔形过大（如>10°），则 MRMS 算法将来自更高倾角的数据向下外推，以替换被低估的 Z_h 和相应的 QPE 区域。MRMS 算法会将所有的伪影区域记录下来，并将插值和外推程序应用于这些区域，以便在未来的 Z_h 雷达图像处理中得到更准确的结果。

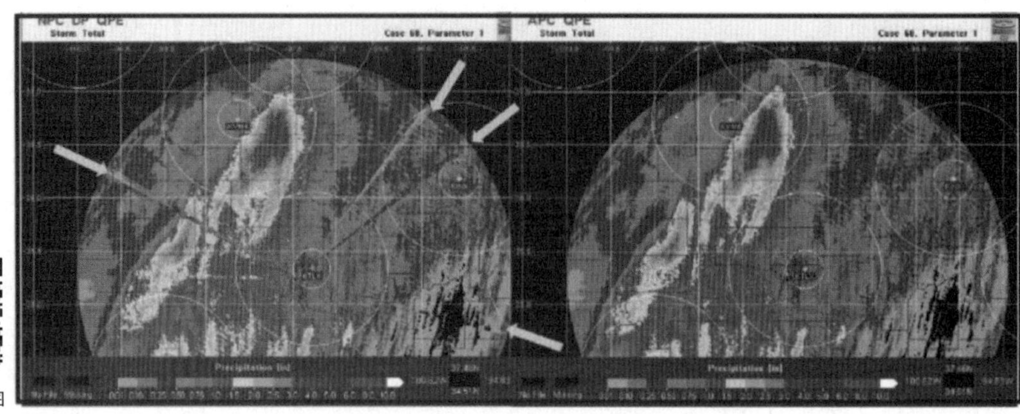

扫一扫，见彩图

图 4.2　KTLX 雷达非标准的波束遮挡现象

左侧显示的是由于周围树木和塔楼在 DEM 中没有被表示，KTLX 雷达存在非标准的波束遮挡。右侧显示的是在采用非标准遮挡缓解程序滤除沿相邻径向的可见楔形伪影之后的校正降水场。图中，No File 表示未存档；Missing 表示空值；Precipitation [in]表示以英寸为单位的降水量；NPC DP QPE 表示未处理的双极化 QPE；APC QPE 表示处理后的 QPE

4.1.3　产品生产

经过以上步骤，来自 4 个最低仰角的 Z_h 数据已得到了质量控制和 VPR 校正，并针对非标准波束遮挡伪影进行了调整。来自最低可用仰角的数据被用于构建二维无缝混合扫描反射率（seamless hybrid scan reflectivity，SHSR）产品，该仰角至少使基础地形高出 50 m，并保证遮挡率小于 50%，相关的高度 SHSR（height of SHSR，SHSRH）产品报告中给出了每个距离波门处的波束中心线估测高度。在后期处理使用的第三个二维极性产品被称为雷达 QPE 质量指数（radar QPE quality index，RQI）（Zhang et al.，2012）。RQI 产品的刻度范围为 0～1，并基于波束遮挡程度和波束相对于融化层的高度给出对测量质量的预期指示。其计算方法如下：

$$\mathrm{RQI}=\mathrm{RQI}_{\mathrm{blk}}\times\mathrm{RQI}_{\mathrm{hgt}} \tag{4.2}$$

其中，

$$\mathrm{RQI}_{\mathrm{blk}}=\begin{cases}1, & \mathrm{blk}\leqslant 0.1\\ 1-\dfrac{\mathrm{blk}-0.1}{0.4}, & 0.1<\mathrm{blk}\leqslant 0.5\\ 0, & \mathrm{blk}>0.5\end{cases} \tag{4.3}$$

$$\mathrm{RQI}_{\mathrm{hgt}}=\begin{cases}1, & h<h_{0\mathrm{C}}-\mathrm{depth}_{\mathrm{bb}}\\ \mathrm{e}^{-\frac{(h-h_{0\mathrm{C}}+\mathrm{depth}_{\mathrm{bb}})^2}{1500^2}}, & h\geqslant h_{0\mathrm{C}}-\mathrm{depth}_{\mathrm{bb}}\end{cases} \tag{4.4}$$

式中：$\mathrm{RQI}_{\mathrm{blk}}$ 代表波束遮挡对应的 RQI；$\mathrm{RQI}_{\mathrm{hgt}}$ 代表波束相对于融化层的高度对应的 RQI；blk 为取值范围为 0～1 的波束遮挡比例；h 为波束底部的高度；$h_{0\mathrm{C}}$ 为 0℃等温线高度；$\mathrm{depth}_{\mathrm{bb}}$ 为融化层的预估深度（默认值为 700 m）。对于降水融化层以下的区域，$\mathrm{RQI}_{\mathrm{hgt}}$ 一般较为准确，但对于融化层内和融化层以上的区域，RQI 随高度的增加呈现出指数下降趋势。

流程的下一步是将二维极坐标下的 SHSR、SHSRH 和 RQI 产品拼图到一个公共的二维笛卡儿格网上。由 2.6 节可知，对于空间中的某个给定点，存在多个雷达提供的独立测量值可供采用，因此也编制了许多复杂程度不同的程序。其中，最简单的方式是仅利用距离该点位置最近的雷达数据，但该方式容易导致获取的 QPE 累积产品产生线性不连续性。为了消除这些伪影，MRMS 算法采用基于测量高度和雷达距离的拼图方案。SHSR、SHSRH 和 RQI 三类产品均采用以下拼图计算原理：

$$f(x)=\frac{\sum_{i=1}^{N} w_r^i w_h^i x^i}{\sum_{i=1}^{N} w_r^i w_h^i} \tag{4.5}$$

其中，

$$w_r=\mathrm{e}^{\frac{-r^2}{L^2}} \tag{4.6}$$

$$w_h=\mathrm{e}^{\frac{-h^2}{H^2}} \tag{4.7}$$

$f(x)$是具有 1 km×1 km 分辨率的二维笛卡儿格网上的最终拼图产品；x 表示二维极化产品；i 是可为给定点提供数据的雷达（总计为 N 个）中某一雷达对应的索引值；w_r 是雷达与要分析的点之间的距离（r）的权重函数；w_h 是关于波束中心线高度（h）的加权函数；H 和 L 都是加权函数的形状参数，默认值分别为 50 km 和 1.5 km。这些拼图数据将在接下来的流程中使用，最终基于 1 km 的笛卡儿格网以 2 min 的频率生产 QPE 产品。

4.2 降水类型学

经过以上处理步骤，由滤波处理的 Z_h 数据被用于在公共笛卡儿格网上创建二维拼图，MRMS 算法的下一个步骤将基于回波类型进行降水分类。开发该过程主要是为了处理引发雨滴粒径分布（drop size distribution，DSD）变化的降水云中的不同微物理量。如果 DSD 可变，则单个 Z_h-R 关系并不适用。业务中心预报员通过切换 Z_h-R 参数以适应不同的风暴系统和季节。但该种方式在业务工作中通常直接应用于雷达覆盖范围下的所有格网点，因此并不能很好地解决混合降水的情况，如具有拖尾层状区域的对流线。自动降水分类的优点是能详尽地结合雷达观测数据和多传感器数据源（如环境温度，甚至闪电观测），为决策过程提供支撑。

图 4.3 概述了在降水分类模块中使用的基本决策树逻辑。第一个判定通过附加筛查滤除太弱而不能与降水相关联的回波。QPE 计算中不再考虑 Z_H<5 dBZ 的回波。此外，由于固态降水的介电常数较低，与雪相关的回波往往较弱，所以如果地面温度低于 5℃，则认定为可能会下雪，降水的阈值降至 0 dBZ。接下来，地面降水被分成冷冻型和液态型。如 3.3 节所述，目前已经开发出几种雷达算法，可根据极化雷达观测结果识别不同的水汽凝结体类型和相态。应注意的是，这些观测是在测量高度上进行的，并不一定代

表地面的降水类型。因此，必须结合环境观测资料更准确地估测地面降水类型。对于冷冻型和液态型的地面降水类型的分离判断主要是基于两个温度阈值。如果地面湿球温度（根据快速刷新模型确定）低于 0℃，而地面干球温度低于 2℃，则地面降水类型为冷冻型。使用这两个阈值主要是考虑到地面温度刚刚超过冰点，但湿雪已经到达地面的情况。下一个判定使用最大预计冰雹尺寸（maximum expected hail size，MEHS）（Witt et al.，1998）算法。根据观测到的冰雹大小，使用强冰雹指数对观测到的冰雹大小进行校准，强冰雹指数是从融化层到 Z_H>40 dBZ 的风暴顶部（冰区）的垂直积分。MRMS 算法通过识别 MEHS 非零值来确定是否存在冰雹。使用在球面坐标处理过程中采用的相同标准，对每个数据单元进行逐一判断以识别对流回波，判断条件如下：0℃高度>1.5 km，且 VIL>6.5 kg/km^2，或 Z_H>35 dBZ，温度< −10℃，或者合成（垂直方向上的最大值）Z_H>55 dBZ。如果与对流数据单元相邻的数据单元并不满足前述条件，但合成 Z_H>35 dBZ，则它们被认为是处于具有强上升气流增长的对流区域，需被归类为对流降水类型。如果非对流单元不符合对流标准，且地面温度分别小于或大于 5℃，则将其进一步细分为冷层状和暖层状。降水类型学的最后一步是使用热带识别算法，该算法在球面坐标数据上采用上述类似的逻辑。也就是说，融化层下方的 VPR 斜率必须为负，且 SHSR 必须大于 15 dBZ。此外，算法中其他判定主要基于暖雨概率（probability of warm rain，POWR）的概念。

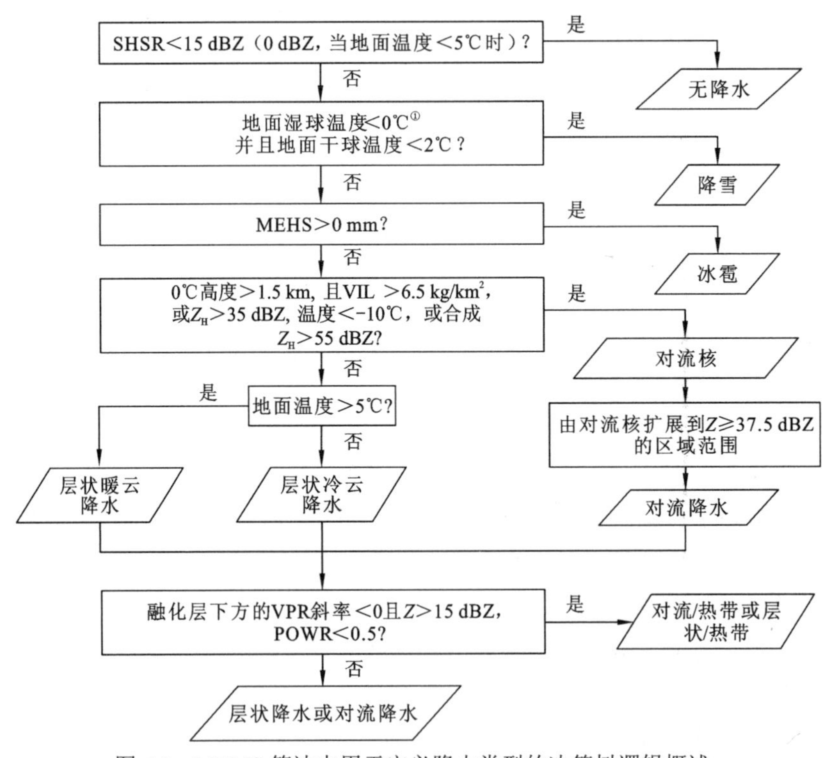

图 4.3　MRMS 算法中用于定义降水类型的决策树逻辑概述

这种降水分类方法可用于指导后续 *Z-R* 公式的应用

① 译者注：原著此处为“≤”，此处更正为“<”。

Grams 等（2014）描述的 POWR 算法主要根据环境变量为每个体积单元分配从 0 到 1 的概率。暖雨的预报因子主要包含：850～500 hPa（接近湿绝热）温度递减率、较高的融化层高度、1 000～700 hPa 低层较高的相对湿度。在极深且潮湿的环境中，以上这些因子会引起弱-中等上升气流。这些条件增强了碰撞-聚结过程，并且由于其中小雨滴群的数量较多，DSD 出现异常。如果满足先前的热带条件，但 POWR 小于 0.5，则仍保持原始的对流、暖层状和冷层状分配。如果 POWR 大于 0.5，则假定 DSD 介于对流或层状和热带特征之间。这些格网单元被分配为混合对流/热带或混合层状/热带类型，并能以此为依据调整 QPE 方案。

4.3 降水估测

现在 MRMS 算法已为每个格网单元指定了降水类型，并为每个格网单元指定了适当的 Z_h-R 关系。如果 POWR<0.5，则以下关系用于层状暖/冷云降水、对流降水、冰雹和雪：

$$Z_h=200R^{1.6}\quad\text{（适用于层状暖云降水）}\tag{4.8}$$

$$Z_h=130R^{2.0}\quad\text{（适用于层状冷云降水）}\tag{4.9}$$

$$Z_h=300R^{1.4}\quad\text{（适用于对流降水）}\tag{4.10}$$

$$Z_h=300R^{1.4}\quad\text{（适用于冰雹）}\tag{4.11}$$

$$Z_h=75S^{2.0}\quad\text{（适用于雪）}\tag{4.12}$$

其中，Z_h 的单位是 mm^6/m^3；R 的单位是 mm/h；S 的单位是 mm/h。由于 Z_h 对大直径水汽凝结体非常敏感，所以一般对 R 设置上限，不考虑累积降水量过高的情形。根据式（4.8）～式（4.11），每种相应降水类型的 R 上限分别被设置为 48.6 mm/h、36.5 mm/h、103.8 mm/h 和 53.8 mm/h。式（4.12）中的雪水当量（snow water equivalent，SWE）不设上限。图 4.4 表示出了每种关系的 Z_h-R 曲线。可以看出，降水类型曲线的选择对估测降水强度有直接影响，尤其在反射率较大时。例如，当 Z_h＝50 dBZ 时，从层状冷云降水到对流降水，降水强度大约增加一倍。

如果 100° W 以西的格网单元的 POWR≥0.5，则使用以下公式：

$$Z_h=250R^{1.2}\quad\text{（适用于热带）}\tag{4.13}$$

上限设置为 147.4 mm/h。对于 100° W 以东的回波，热带降水类型判别的限制条件更为严格。Chen 等（2013）进行的一项研究揭示了 MRMS 算法对每日累积降水量存在高估的现象，这一情况主要发生在美国东南部。降水类型划分分析表明，高估的原因是过于高频地分配了热带降水类型，尤其是在本不该发生热带降水的寒冷季节。因此，针对 POWR≥0.5，MRMS 算法采用式（4.8）～式（4.10）和式（4.13）的混合式，计算加权降水强度，具体如下：

$$R_{mix}=\frac{w_{conv}R_{conv}+\alpha w_{trop}R_{trop}}{w_{conv}+w_{trop}}\quad\text{（适用于混合型）}\tag{4.14}$$

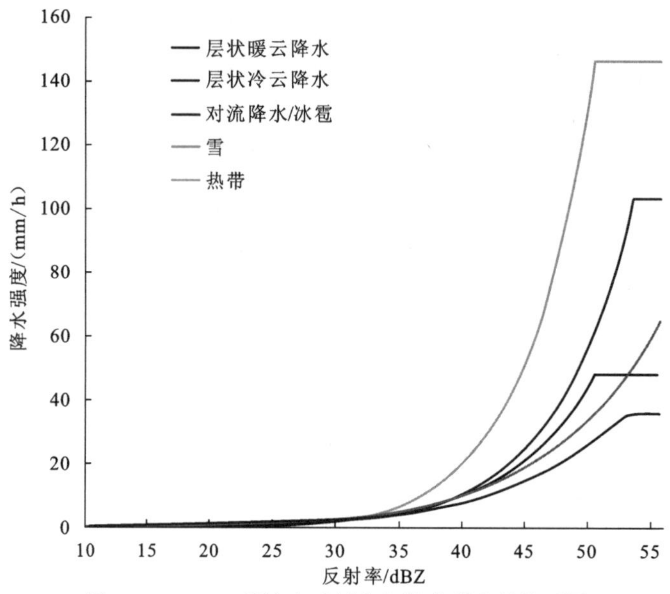

扫一扫，见彩图

图 4.4　MRMS 算法中反射率与降水强度的关系图

图中所示的每种降水类型曲线均基于快速刷新模型分析中的体积雷达数据和环境数据自动识别而来

其中，下标 conv 表示对流降水，下标 trop 表示热带降水，权重（w_{conv}、w_{trop}）根据 POWR 在 0～1 变化。请注意，式（4.14）适用于混合对流和热带降水类型。该方法也适用于冷层状和热带混合及暖层状和热带混合的情况。附加动态加权系数（α）可为 6～11 月的 R_{trop} 赋予更多权重，其中最大加权在 9 月，通过该物理量限制，确保大多数的热带降水类型被分配在暖季。在暖季，Z_{h}-R 关系中，每单位 Z_{h} 对应的 R 最高。错误地分配热带降水类型会导致每日累积降水量的大量高估，因此必须在使用时进行约束限制。

基于以上步骤，在 1 km 格网上每 2 min 生成一次降水强度，就形成了纯雷达产品。将这些降水强度相加形成每小时的累积量，每 2 min 输出一次。在每小时整点，根据每小时的累积降水强度产品形成 3 h、6 h、12 h 和 24 h 的更长时间尺度的累积降水量，并在协调世界时 12 时，每天产生一次 48 h 和 72 h 产品。纯雷达产品的最佳应用场景是用于驱动山洪预测模型或城市洪水模型，这些模型往往需要输入降水强度而不是长时间尺度的累积降水量。如果需要更长期的累积降水量，则使用同一位置的雨量计对雷达产品进行偏差校正，如下所述。

MRMS 算法每小时在美国各地提取约 9 000 个雨量计的数据，并将其与最近一小时开始时生成的逐时纯雷达产品进行比较。当地雨量计校正雷达产品在第 k 个雨量计位置计算偏差（$b_k=r_k-g_k$），其中 r 代表雷达逐时累积降水量，g 是雨量计读数。接下来，使用反距离加权（inverse distance weighting，IDW）方案将 b_k 内插到二维笛卡儿格网上，如下所示：

$$b_i^{\alpha} = \alpha \frac{\sum_{k=1}^{N} w_{i,k} b_k}{\sum_{k=1}^{N} w_{i,k}} \tag{4.15}$$

其中，

$$w_{i,k}=\begin{cases}\dfrac{1}{d_{i,k}^{b}}, & d_{i,k}\leqslant D\\ 0, & d_{i,k}>D\end{cases} \tag{4.16}$$

$$\alpha=\min\left\{\sum_{k-1}^{N}\mathrm{e}^{-\frac{d_k^2}{(D/2)^2}},1.0\right\} \tag{4.17}$$

其中，$d_{i,k}$ 是第 i 个分析格网点与第 k 个雨量计之间的欧几里得距离。式（4.16）中的参数 b 和 D 分别表示加权函数的形状和截止距离。这两个参数每小时使用留一法交叉验证方案进行优化。可刻意将随机选择的仪表排除在分析之外，循环 b 和 D 值，直到找到已知偏差的最佳值。在分析中有意地随机选择一个雨量计不参与分析，然后循环调整参数 b 和 D 的值，直到找到已知偏差的最佳值。存储这些参数值，然后有意地将另一个雨量计（及其偏差）排除在分析之外，以寻找 b 和 D 的值。通过重复此过程，直到所有站点都被包含在交叉验证方案中，以找到依赖于测量站密度和降水变化的 b 与 D 的最佳值。式（4.17）中的动态加权系数α可减小站点密度稀疏时偏差校正的影响。当地雨量计校正的最后一步是从逐小时纯雷达产品累积降水量中去除由式（4.15）计算得到的空间插值偏差。

在 MRMS 算法的 QPE 产品套件中，还有另外两个基于测量站的产品。纯雨量计产品从雨量计中获取每小时的累积降水量，这些雨量计与用于构建上述当地雨量计校正雷达产品使用的雨量计相同。纯雨量计产品同样也使用留一法交叉验证方案，其中参数 b 和 D 针对纯雨量计产品专门进行了优化，并在每个格网点处生成累积降水量。第二个雨量计产品与纯雨量计产品类似，但使用了独立坡度参数关系模型（parameter-elevation relationships on independent slopes model，PRISM）数据集中的每月降水气候学数据，Daly 等（1994）对该数据集做出了具体描述。如果是山区 QPE 产品，偏差计算公式为 $b_k=g_k/p_k$，其中 g_k 是每小时测量累积值，p_k 是每月气候值。然后，使用式（4.15）和式（4.16）中的 IDW 方案，将偏差内插到二维笛卡儿格网上，其中$\alpha=1$。山区 QPE 产品本质上是将已知的山地气候变化中的降水调整为观测到的雨量。这种技术已被证明在降水的空间模式受地形支配、由于地形效应而受到影响的地区非常有用。在每个小时整点生成逐时雨量计产品，3 h、6 h、12 h 和 24 h 的累积降水量在整点计时的开始时根据逐时雨量计产品计算生成。基于 24 h 累积降水量，在每天 12 时（协调世界时）计算 48 h 和 72 h 的累积降水量。

4.4 评估验证

雨量计数据能为多种 QPE 产品提供输入，并帮助评估和进一步改进纯雷达产品。例如，多个卫星 QPE 及其在山洪模拟预测等方面的应用需要 2 min/1 km 分辨率的纯雷达产品。此外，改进纯雷达算法能对经过当地雨量计偏差校正的雷达产品产生连锁影响，在覆盖率不高的地区尤其重要。因此，使用独立于 QPE 算法的雨量计进行评估非常有必要也非常有效。此外，正如本节中所述，雨量计累积降水量本身可能存在误差问题，为确保其具有高质量，并可用作参考或“基准真实数据集”，需要对其进行质量控制。

MRMS 算法采用一个强大的 QPE 验证系统，该系统能自动接收自动雨量计报告，并将其与可供用户选择的 MRMS QPE 产品进行比较。产品的评估采用以下三种方式：①统计；②雨量计圆圈图；③散点图。图 4.5 显示了 2013 年 10 月 15 日 0 时（协调世界时）结束时的 24 h 累积降水量，背景为纯雷达算法结果，并在此上叠加了雨量计圆圈图。每个圆的直径对应雨量计累积降水量，圆圈的颜色代表偏差。这个图对于展示偏差的地理依赖性非常有用。例如，我们可以看到，在图像南部出现了最大的累积降水量，但明显被低估，此外，该图还显示了东北部雨带边缘上非常轻微的累积降水量被高估的情况。图 4.6 中的散点图将纯雷达累积降水量与配对雨量计累积降水量绘制在同一坐标系中，并且根据每个值的偏差使用相同的颜色范围给出各个点的颜色编码。我们可以看到，对于雨量计累积降水量大于 0.5 in（12.7 mm）的数据点，大多数数据点都位于 1∶1 对角线右侧，这表明纯雷达算法出现了低估。纵坐标上也有一组紫色点，这表示雨量计没有累积值，但纯雷达算法有非零量。统计数据如图 4.6 右侧所示，描述了纯雷达和雨量计累积降水量的分布，包括最小、最大、平均值和标准偏差。在这些值下，计算了一组连续变量统计数据来描述纯雷达产品和雨量计累积降水量间的差异，包括偏差（乘法和加法）、平均绝对

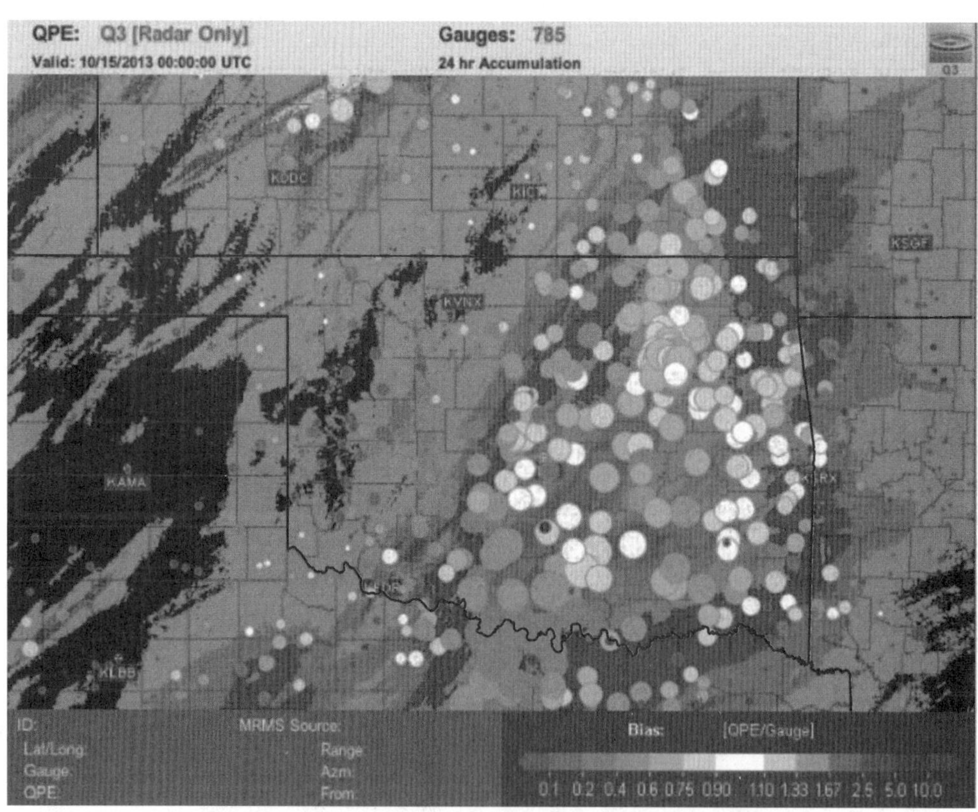

扫一扫，见彩图

图 4.5　在 MRMS 算法验证系统中使用的雨量计圆圈图

24 hr Accumulation 表示该雨量计产品的累积时间为 24 h，Valid：10/15/2013 00:00:00 UTC 表示该产品的有效时间截至 2013 年 10 月 15 日 0 时（协调世界时），Gauges：785 表示雨量计数量为 785，Bias 表示偏差。圆圈以雨量计位置为中心，其半径与雨量计累积值成正比，圆圈的颜色对应图例中所示的偏差

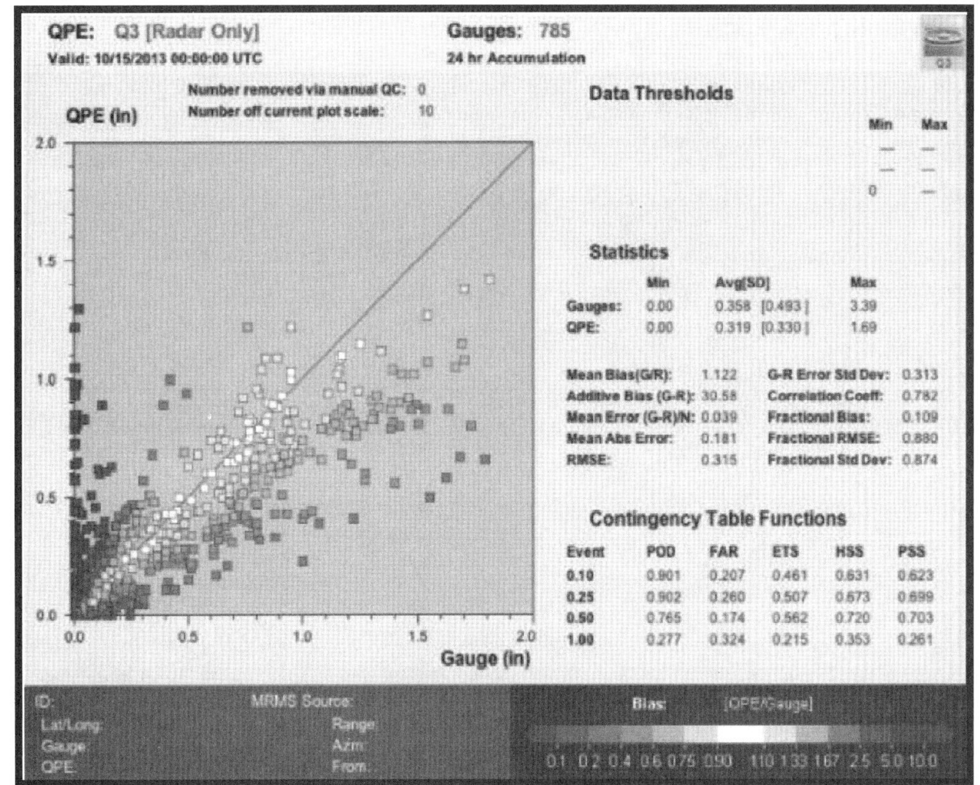

图 4.6　MRMS 算法验证系统中使用的散点图

数据对应图 4.5 中所示的纯雷达和雨量计累积值，每个点的颜色对应图 4.5 中的偏差。请注意，纵坐标轴上的大量数据点对应具有零雨量计累积值的纯雷达非零累积值。常用的统计数据显示在该图面板的右侧。Number removed via manual QC 表示通过手动质量控制去除的点的数量，Number off current plot scale 表示在散点图范围外的点的数量，Statistics 表示统计数据，Contingency Table Functions 表示列联表函数

误差、均方根误差及相关系数等。该分析还提供了列联表统计数据，这些二元统计数据与连续变量统计的不同之处在于，它们能基于雨量计累积降水量总和的 4 个相关阈值，指示降水事件是否发生。这些数值对应着不同的技能指标，包括预测事件发生的检测概率（probability of detection，POD）和预测事件未发生却出现的假报率（false alarm rate，FAR）等，这些技能指标可将列联表中的变量与气候信息相结合。

1.122 的乘法偏差意味着雨量计比纯雷达算法多积累了约 12%的降水，一般情况下这被认为是一个好的结果。QPE 验证系统可选择特定的雨量计网络，如图 4.7 所示。在该案例中，仅使用了美国俄克拉何马州中尺度网中的雨量计进行评估。中尺度网中的雨量计在现场均受到了严格的维护，通过自动化程序和手动检查对其数据进行质量控制。当在散射图中仅使用高质量的中尺度网雨量计时，能进一步验证纯雷达产品出现了低估这一结论，并且与纯雷达非零量相对应，雨量计观测的累积降水量为零的点已经被去除。最重要的是，最初的乘法偏差 1.122 现在已经增长到了 1.438。选择高质量雨量计数据可剔除位于纵坐标上的剩余的所有点，这些点抵消了纯雷达算法中的真正低估。由该案例可知，在进行 QPE 算法评估时，需要仔细考虑雨量计数据的质量。

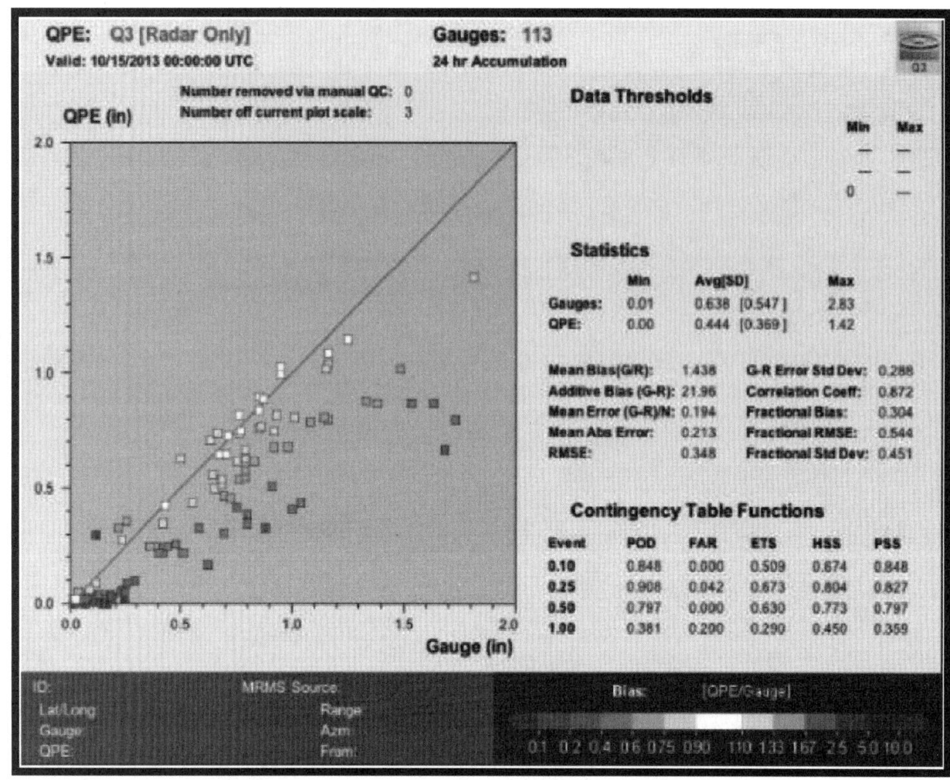

扫一扫，见彩图

图 4.7 基于俄克拉何马州中尺度网高质量雨量计数据的 MRMS 算法验证系统散点图

尽管非零/零雷达/雨量计的对比数据无法显示，但分析表明仅使用雷达算法存在严重偏差。右侧列出的统计数据也证实了这一点。Number removed via manual QC 表示通过手动质量控制去除的点的数量，Number off current plot scale 表示在散点图范围外的点的数量，Statistics 表示统计数据，Contingency Table Functions 表示列联表函数

4.5 讨 论

尽管以 MRMS 算法为代表的 QPE 的科学水平有了很大的提升，但该算法很少直接运用极化变量进行降水估测。未来的研究将专注于系统性利用极化变量进行雷达 QPE，因为它们具有响应不同 DSD 的潜力，这也是 MRMS 算法目前识别不同降水类型和使用不同 Z_h-R 关系的方法的主要目标，如 4.2 节所述。若假定 Z_h 的垂直结构随温度变化，则需要格外注意引起 DSD 可变性的不同微物理过程。目前，基于极化雷达数据的降水估测关系已作为单一雷达产品应用于 NWS 的业务系统中。但是，还需要进行进一步的工作来确定最佳的拼接策略，以获得更准确的降水估测。此外，之前对基于极化雷达数据的降水估测研究往往局限于特定地理区域内的个别雷达，因此，需要研究如何将给定算法应用于整个 NEXRAD 网络，以正确评估和改进参数。

NEXRAD 在美国西部山地低海拔地区的覆盖率不足是 MRMS 算法尚未完全解决的问题。山地测绘技术通过使用雨量计累积降水量在一定程度上解决了该问题，雨量计累积降水量根据每月气候情况进行空间插值。这种方法依赖于有良好的雨量计网络及与其

气候空间特征相似的真实降水模式。在反常且偏离气候条件的极端事件中往往无法做出后一种假设。MRMS 算法开发团队正在探索的另一种方法是集成来自星载平台的主动和被动传感器。这些传感器具有巨大优势，即能够俯瞰降水系统，从而较少受到中间地形的影响。相比之下，卫星遥感方法的缺点是其信号与地表降水强度之间的关系为间接关系，并且提供的信息频率较低。主动雷达传感器提供的反射率数据与地面雷达一样，它必须安装在近地轨道卫星上，才能获取小像元高分辨率影像。这也意味着对于给定位置的卫星过境观测一天只有一次或两次。地球同步卫星上的被动传感器可以提供与地面雷达类似的高时空分辨率数据，但它们的辐射信号（即云顶亮度温度）与地面降水强度也仅为间接相关。尽管如此，可通过结合近地轨道主动传感器的 VPR 与被动传感器信号，来弥补 NEXRAD 网络的不足。

问 题 集

1. 列出 MRMS 系统中的产品及其时空分辨率。
2. 使用下面给出的三种典型关系计算和绘制降水强度图。

a. $Z=200R^{1.6}$（M-P 模型）

b. $Z=300R^{1.4}$（WSR-88D 对流）

c. $Z=250R^{1.2}$（WSR-88D 热带）

在 Z 值为 20 dBZ 和 50 dBZ 的不同关系中，降水强度百分比是多少？请列举存在不同 Z-R 关系的原因。

参 考 文 献

Chen, S., J. J. Gourley, Y. Hong, P. E. Kirstetter, J. Zhang, K. W. Howard, Z. L. Flamig, J. Hu, and Y. Qi. 2013. Evaluation and uncertainty estimation of NOAA/NSSL next-generation National Mosaic Quantitative Precipitation Estimation product (Q2) over the continental United States. *Journal of Hydrometeorology* 14: 1308-1322. doi:10. 1175/JHM-D-12-0150. 1.

Crum, T. D., D. Evancho, C. Horvat, M. Istok, and W. Blanchard. 2003. An update on NEXRAD program plans for collecting and distributing WSR-88D base data in near real time. Preprints, *19th International Conference on Interactive Information Processing Systems (IIPS) for Meteorology, Oceanography, and Hydrology*, February 9–13, Amer. Meteor. Soc., Long Beach, CA, Paper 14. 2.

Daly, C., R. P. Neilson, and D. L. Phillips. 1994. A statistical-topographic model for mapping climatological precipitation over mountainous terrain. *Journal of Applied Meteorology* 33: 140-158.

Doviak, R. J., and D. S. Zrnić. 1993. *Doppler Radar and Weather Observations*. Academic Press, San Diego, 562 pp.

Droegemeier, K. K., J. J. Levit, K. E. Kelleher, and T. D. Crum. 2002. Project CRAFT: A test bed for demonstrating the real time acquisition and archival of WSR-88D Level II data. Preprints, *18th International Conference on Interactive Information Processing Systems (IIPS) for Meteorology, Oceanography, and*

Hydrology, January 13-17, Amer. Meteor. Soc., Orlando, FL, 136-139.

Giangrande, S. E., J. M. Krause, and A. V. Ryzhkov. 2008. Automatic designation of the melting layer with a polarimetric prototype of the WSR-88D radar. *Journal of Applied Meteorology and Climatology* 47(5): 1354-1364.

Gourley, J. J., J. Zhang, R. A. Maddox, C. M. Calvert, and K. W. Howard. 2001. A real- time precipitation monitoring algorithm: Quantitative Precipitation Estimation and Segregation Using Multiple Sensors (QPE SUMS). Preprints, *Symp. on Precipitation Extremes: Prediction, Impacts, and Responses*, Albuquerque, Amer. Meteor. Soc., 57-60.

Gourley, J. J., R. A. Maddox, K. W. Howard, and D. W. Burgess. 2002. An exploratory multisensor technique for quantitative estimation of stratiform rainfall. *Journal of Hydrometeorology* 3: 166-180.

Grams, H., J. Zhang, and K. Elmore. 2014. Automated identification of enhanced rainfall rates using the near-storm environment for radar precipitation estimates. *Journal of Hydrometeorology* 15(3): 1238-1254.

Kelleher, K. E., K. Droegemeier, J. J. Levit, C. Sinclair, D. E. Jahn, S. D. Hill, L. Mueller, G. Qualley, T. D. Crum, S. D. Smith, S. A. Greco, S. Lakshmivarahan, L. Miller, M. Ramamurthy, B. Domenico, and D. Fulker. 2007. Project CRAFT: A real-time delivery system for NEXRAD level II data via the Internet. *Bulletin of the American Meteorological Society* 88: 1045-1057.

Kirstetter, P. E., Y. Hong, J. J. Gourley, S. Chen, Z. L. Flamig, J. Zhang, M. Schwaller, W. Petersen, and E. Amitai. 2012. Toward a framework for systematic error modeling of spaceborne precipitation radar with NOAA/NSSL ground radar-based National Mosaic QPE. *Journal of Hydrometeorology* 13: 1285-1300. doi:10. 1175/ JHM-D-11-0139. 1.

Kirstetter, P. E., Y. Hong, J. J. Gourley, M. Schwaller, W. Petersen, and J. Zhang. 2013. Comparison of TRMM 2A25 products, version 6 and version 7, with NOAA/ NSSL ground radar-based National Mosaic QPE. *Journal of Hydrometeorology* 14: 661-669. doi:10. 1175/JHM-D-12-030. 1.

Qi, Y., J. Zhang, and P. Zhang. 2013. A real-time automated convective and stratiform precipitation segregation algorithm in native radar coordinates. *Journal of the Royal Meteorological Society* 139: 2233-2240.

Tang, L., J. Zhang, C. Langston, J. Krause, K. Howard, and V. Lakshmanan. 2014. A physically based precipitation/nonprecipitation radar echo classifier using polarimetric and environmental data in a real-time national system. *Weather and Forecasting* 29: 1106-1119①.

Witt, A., M. D. Eilts, G. J. Stumpf, J. T. Johnson, E. D. W. Mitchell, and K. W. Thomas. 1998. An enhanced hail detection algorithm for the WSR-88D. *Weather and Forecasting* 13: 286-303.

Xu, X., K. Howard, and J. Zhang. 2008. An automated radar technique for the identification of tropical precipitation. *Journal of Hydrometeorology* 9: 885-902.

Zhang, J., K. Howard, C. Langston, S. V. Vasiloff, B. Kaney, A. Arthur, S. V. Cooten, K. E. Kelleher, D. Kitzmiller, F. Ding, D. Seo, E. B. Wells, and C. L. Dempsey. 2011. National mosaic and multi-sensor QPE (NMQ) system: Description, results and future plans. *Bulletin of the American Meteorological Society* 92: 1321-1338.

Zhang, J., K. Howard, C. Langston, and B. Kaney. 2012. Radar Quality Index (RQI): A combined measure of beam blockage and VPR effects in a national network. *Proceedings International Symposium on Weather Radar and Hydrology*, IAHS Publ. 351-25(2012).

---

① 译者注：原著中为 In press，译著出版时间滞后，该文献已见刊，此处更正为 29：1106-1119。

第 5 章

定量降水估测先进雷达技术

定量降水估测（quantitative precipitation estimation，QPE）通常通过地面雷达网进行。只要中间地形没有明显的障碍，常规情况下地面系统就能够获取 300 km 距离内较低高度上的数据。本章将对另一种通过太空卫星获得雷达测量值的方法进行详细说明。星载测量的优势在于可获取海洋和数据稀疏地区的数据，且不受国界或山脉波束遮挡的限制。由于近地卫星的轨道限制，星载系统无法像地面雷达系统那样频繁地观测降水，且会受到大地杂波污染、不均匀波束填充（nonuniform beam filling，NUBF）和衰减的限制。尽管如此，地面和星载雷达依然可以协同测量，以填补地面雷达网运行中的不足。

近几十年来，雷达设计上实现了巨大的技术进步，成本也有所下降，因此可以建造用于研究和业务运行的小型便携式雷达。由于雷达波束照射体积随距离的增加而增加，所以一般情况下近距离收集数据有利于详细研究龙卷风的形成和微物理过程。一些 X 波段、C 波段、Ku 波段、Ka 波段和 W 波段雷达可以安装在平板卡车上直接运输到事件发生地，这些雷达被称为移动雷达。移动雷达系统的部署十分灵活，通过填补空白来扩展或补充观测覆盖面，提高了对特定类型事件进行采样的可能性。在某些情况下，如果正在运行的雷达出现故障，可使用移动雷达来临时代替，用车辆将移动雷达运至靠近 WSR-88D 的地点。这些雷达还可以连续工作和快速采样，重点测量风暴系统的最低高度等特征（Biggerstaff et al.，2005）。本章的各小节将介绍一些典型的先进雷达系统，包括小型移动雷达、单频和双频星载雷达系统及用于快速扫描风暴的相控阵极化雷达。由于全球各地均有许多移动雷达，所以无法对所有移动雷达进行讨论，故本章将重点描述当代雷达系统中的多种选择。

5.1 移动式和填隙式雷达

雷达具有不同的波长或无线电频率。表 1.1 展示了水文应用中最典型雷达波长的详细信息。S 波段等波长较长的雷达不太容易被降水衰减，但它们需要更大、更重的天线，因此需要强大的基座，成本也更高。因此，移动雷达的最常见频率范围是从 C 波段到 W 波段。在欧洲和加拿大，C 波段雷达通常用于业务运行的监控，虽然其信号不像在 X 波段那样容易衰减损耗，但需要更大的天线。由于可以使用更小的天线和更小的波束宽度，X 波段在移动雷达中更加常见。此外，相比于 C 波段，在 X 波段的瑞利散射区域中，极化变量更容易预测。这意味着与 C 波段的情形不同，极化变量在 X 波段会更加单一地随着雨滴的变大而增加。与 C 波段相比，X 波段雷达的观测距离更加有限，但可以通过将雷达移动到接近目标气象现象的位置来进行补偿。下面我们将介绍几种 C 波段和 X 波段雷达，这些雷达可安装在移动平台上用于水文研究，包括 SMART-R、AIR、NOXP 和 PX-1000。所有这些雷达均由位于俄克拉何马大学的高级雷达研究中心（Advanced Radar Research Center，ARRC）或美国国家强风暴实验室（National Severe Storms Laboratory，NSSL）在俄克拉何马州诺曼市的美国国家气象中心里进行设计和维护。

5.1.1 高级雷达研究中心的共享移动天气研究与教学雷达 SMART-R

SMART-R 是最早的移动雷达之一，其采用传统的移动式多普勒雷达设计。第一个 SMART-R（SR-1）由俄克拉何马大学、NSSL、得克萨斯 A&M 大学（Texas A&M University）和得克萨斯理工大学（Texas Tech University）的科学家与工程师研发并使用。这些雷达被用于多项风暴规模研究的现场实验，为雷达气象学研究生和本科生的教育提供了支持（Biggerstaff et al.，2005）。较低的 C 波段频率降低了衰减的信号损耗，同时提高了可使用雷达测量的奈奎斯特（Nyquist）速率。由于 C 波段雷达比天线尺寸相同的 X 波段雷达具有更大的波束宽度，所以会牺牲一些观测小尺度环流时的分辨率。SMART-R 的特性如表 5.1 所示。请注意，SMART-R 2 号（SR-2）的工作频率与 SMART-R 1 号（SR-1）略有不同，并且 SR-2 已升级为双极化雷达。

SMART-R 为大量的研究和教育工作做出了贡献，它已被部署在一系列的实地项目中，用于研究从龙卷风形成、飓风、热带地区降雨到冷季地形降雨和降雪等的各种大气现象。此类雷达的独特之处在于它们已被用于本科生和研究生的雷达气象课程，学生有机会获得操作气象雷达的实践经验。SMART-R 已被证明能有效地获得中尺度区域的高时空分辨率数据，可用于流域尺度的水文研究。Gourley 等（2009）在 2005～2006 年寒冷季节的水文气象实验台的实验中，将 SR-1 部署到加利福尼亚州萨克拉门托市（Sacramento，California）附近的美国河流域（American River Basin），并研究了增量改进对 QPE 处理结果的影响，包括使用附近的一个雨滴测量器校准 Z 值、优化 Z-R 关系中的参数、校正反射率因子垂直廓线（vertical profile of reflectivity，VPR）及通过融合 SR-1 与附近的另一个移动雷达的数据来实现低空覆盖的最大化。他们的研究对每个步骤之后的改进进行了量化，同时也指出了在复杂地形中设置移动雷达所遇到的挑战。在数字高程模型（digital elevation model，DEM）中不会显示附近树木的阻挡，但这些树木会遮蔽雷达信号对流域上游地区的低海拔覆盖。

表 5.1　SMART-R 雷达的特征信息

子系统			描述
平台		物理尺寸	4700 国际双驾驶室柴油卡车长约 10 m（32 ft①10 in）；高度约 4.1 m（13 ft 6 in）；总系统重量约 11 800 kg
		发电厂	10 kW 柴油发电机
		水准测量系统	计算机辅助；可变速率手动液压控制
发射器		频率	5 635 MHz（SR-1）、5 612.82 MHz（SR-2）
		类型	磁控管；固态调制器和高压电源
		峰值功率	250 kW
		占空比	0.001
		脉冲持续时间	四个预定义值，可选范围为 0.2～2.0 μs
		极化	线性水平（SR-1）；双线性，交叉极化（SHV）（SR-2）
天线		尺寸	2.54 m 直径的固态抛物面反射体
		增益	40 dB（估测）
		半功率波束	圆形，1.5° 宽
		转速	可选范围为 0～33（°）/s
		仰角范围	可在 0°～90° 选择
		工作模式	指向、全部平面位置指标（plan position indicator，PPI）、范围高度指标（range height indicator，RHI）、扇区扫描
信号处理机	危险天气警告（SIGMET）	每条射线的最大体积单元数	2 048
		体积单元间距	可选范围为 66.7～2 000 m
		矩	雷达反射率（滤波和未滤波）、速度、频谱宽度
		大地杂波滤波器	七个用户可选级别
		距离平均值	可选择
		双脉冲重复频率解混叠	可选择
		处理模式	脉冲对，快速傅里叶变换，随机相位

① 译者注：ft 为英文 foot（英尺）的缩写，1 ft = 0.304 8 m。

续表

子系统			描述
信号处理机	危险天气警告（SIGMET）	数据档案	CD-ROM；SIGMET IRIS 格式
		显示屏	实时 PPI；循环、平移和缩放 PPI 或 RHI 产品

资料来源：摘自 Biggerstaff 等（2005）。

5.1.2 美国国家强风暴实验室的 X 波段极化移动雷达 NOXP

NSSL 的 X 波段极化移动雷达 NOXP 由 NSSL 的工程师和技术人员团队在 2008 年的一个平板卡车框架上建造（Palmer et al.，2009）。NOXP 是一种研究雷达，基本上复制了 SR-2 的设计，不同点在于它在 X 波段工作。该雷达的详细特性见表 5.2。NOXP 在 2009 年的龙卷风旋转起源验证实验-II（Verification of the Origins of Rotation in Tornadoes Experiment-II，VORTEX-II）中已被应用于研究龙卷风的成因等方面。在 2012 年和 2013 年的夏天，NOXP 还被部署在亚利桑那州（Arizona）的沙漠地区，研究雷暴、微暴和沙尘暴等现象。2012 年秋，NOXP 被运往法国，用于研究地中海实验中的水文循环（Ducrocq et al.，2014）。NOXP 观测到在法国南部的塞文-维瓦赖（Cévennes-Vivarais）地区经常有导致山洪暴发的强降水。附近的几个其他地面观测设备也被一同用在研究云的微物理过程、云放电及量化地中海水汽输送对降水系统的影响等方面（Bousquet et al.，2015①）。NOXP 观测到一个 Z_{DR} 偶极子，其与在雷暴的高层中 Φ_{dp} 值下降有关。事实证明，这些伪影实际上是冰粒子受到强电场作用而朝相同方向移动导致的去极化信号。这一假设后来通过使用该实验中的闪电映射阵列（lightning mapping array，LMA）观测结果得到了验证与支持。

表 5.2　NSSL 的 X 波段极化移动雷达 NOXP 的特性

参数		取值
基本信息	波长	3.22 cm
	移动式/可运输/固定式	移动式（半功率波束宽度 0.88°）
	扫描/断面仪	扫描（分辨率 1.0°）
	常规/多普勒/极化	双极化（星形）和纯 H 模式
	扫描功能	方位角 5 r/min[30（°）/s]；仰角 0°～91°；RHI 能力
	距离	最大距离取决于可选的脉冲重复频率（pulse repetition frequency，PRF）；之前的部署使用每秒 1 350 个脉冲，相当于 111 km
发射机/接收机	频率	9 410 MHz
	天线端口的峰值功率	47 dBW
	等效各向同性辐射功率	47 dBW

① 译者注：原著中为 2014，是该文献被接收的年份，译著出版时间滞后，该文献已见刊，此处更正为 2015。

续表

参数		取值
发射机/接收机	调制型	脉冲
	调制特性（如扫描周期、扫描速率）	无
	频谱宽度图	在-3 dB 处，4 MHz
天线	天线类型	碟形天线
	天线增益	45.5 dBi
	-3 dB 天线孔径	0.9°
	水平相对增益	45.5 dBi
	极化	双线性
	转速（最小和最大）	0 和 5 r/min

2014 年，在降水和水文综合实验中，NOXP 被部署到北卡罗来纳州（North Carolina）的大雾山（Great Smoky Mountains）（图 5.1）。该实验通过美国国家航空航天局（National Aeronautics and Space Administration，NASA）的 S 波段极化雷达及在云层中和云层上方飞行的飞机来协调雷达数据采集。该雷达被放置在一个可以畅通无阻地观测到皮金里弗（Pigeon River）流域南部四分之一区域的山顶上。需要注意的是在陡坡上如何使用液压支架来正确调平天线。在三个流域面积不到 150 km^2 的被测流域，NOXP 具有远胜于新一代雷达（next generation radar，NEXRAD）的低空高度覆盖范围。因此，在容易暴发山洪的复杂地形中，只有它能帮助科学家研究小流域河川径流对降水量的响应（通过不同平台估测）。

图 5.1　NSSL 的 X 波段极化移动雷达 NOXP

在 2014 年的降水和水文综合实验中，该雷达在北卡罗来纳州西部大雾山的皮金里弗流域运行

5.1.3 高级雷达研究中心的大气成像雷达 AIR

AIR 是 ARRC 开发的另一种小型雷达系统，它在一边成像的同时一边在移动平台上收集体积数据（Isom et al.，2013）。AIR 安装在雷达车的后部，因此 AIR 完全可以移动（图 5.2）。AIR 并未使用常规的抛物面天线发射和接收电磁信号，而是由平板上的 36 个独立子阵列组成，并且能够沿着单个维度创建波束阵列。由于使用数字波束形成（digital beam-forming，DBF）技术自动控制波束，AIR 所收集的数据具有极高的时间分辨率。该设计理念的核心是发送单个扇形波束（1×20°），并使用 36 个独立子阵列接收单独的分量，在后处理中使用 DBF 技术形成波束。AIR 在 X 波段工作，在灵敏度、衰减和物理尺寸间寻求了平衡，作为降水雷达可主要用于对强风暴等迅速发展的天气现象的观测。在将 RHI 模式作为主要工作模式时，DBF 发生在垂直方向上，能在 20° 视场上提供几乎连续的大气全覆盖探测。AIR 的特性详见表 5.3。

图 5.2 俄克拉何马大学 ARRC 的大气成像雷达 AIR

这种移动雷达不使用传统的抛物面天线，而是发射扇形波束（1×20°），并使用 36 个独立子阵列接收反向散射信号

表 5.3 ARRC 的大气成像雷达 AIR 的特性

参数		取值
基本信息	频率	9.55 GHz
	功率	3.5 kW 行波管（traveling wave tube，TWT）
	占空比	2%
	灵敏度	10 km 时为 10 dBZ
	距离分辨率	30 m（脉冲压缩）

续表

参数		取值
子阵列	3 dB 波束宽度	1×20°
	增益	28.5 dBi
	天线驻波比	2:1
	极化	水平（RHI 模式）
阵列	波束宽度	1×1°
	子阵列数量	36
基座	转速	20（°）/s

5.1.4　高级雷达研究中心的可运输式 X 波段极化雷达 PX-1000

PX-1000 是 ARRC 研发的基于 TWT 的可运输双极化 X 波段雷达（Cheong et al., 2011）。该系统具有一对 1.5 kW TWT 发射器，一个带双极化馈源和一个俯仰角基座的 1.2 m 抛物面反射体。表 5.4 描述了 PX-1000 的系统总体特性。PX-1000 使用一个独特的信号处理器及一个非线性频率调制器来处理复杂操作，如脉冲压缩、多延迟矩估测等。PX-1000 安装在拖车上，因此属于可运输式而不是完全移动式（图 5.3）。该雷达的设计非常适合在固定位置进行长时间观测，如部署在整个季节性的实地考察中。

表 5.4　ARRC 的可运输式 X 波段极化雷达 PX-1000 的特性

参数		取值
基本信息	工作频率	9 550 MHz
	灵敏度	7 dBZ@50 km
	估测系统损耗	2 dB
	观测范围	>60 km
发射器	峰值功率	1.5 kW
	最大脉冲宽度	15 μs
	最大占空比	2%
天线	天线增益	38.5 dBi
	直径	1.2 m
	3 dB 波束宽度	1.8°
	极化	双线性

图 5.3　俄克拉何马大学 ARRC 的 PX-1000

PX-1000 安装在拖车上，天线受到天线罩的保护，非常适合在偏远地区进行长期（如季节性）实地考察

5.1.5　大气协同自适应感测

正如第 2 章所述，NEXRAD 网络在落基山脉和寒拉斯山脉地区的低空覆盖范围有限。为了减少这些雷达数据的空白，可以增加数据稀疏区域内的雷达数量。大气协同自适应感测（Collaborative Adaptive Sensing of the Atmosphere，CASA）是美国国家科学基金会工程研究中心（National Science Foundation Engineering Research Center）使用低成本雷达进行的一项气象灾害预报和预警技术研究，该雷达工作距离短，可适应不断变化的天气和用户需求(McLaughlin et al., 2009)。CASA 开发了综合项目一(Integrated Project One，IP1)，该项目在俄克拉何马州西南部部署了一个四雷达实验台。四个雷达相距约 30 km，雷达与天线连接时以近似等边三角形的方式排列。这种部署能让适合双多普勒速度矢量检索的区域实现最大化。这些区域对应于来自不同雷达的交叉方位，形成 90° 角。如果两个雷达位于一条完美的水平线上，则双多普勒反演的最佳区域是在雷达之间中点的南北向区域。

表 5.5 比较了 CASA 和 WSR-88D 的特性。CASA 在 X 波段工作，使用平均功率为 13 W 的超低功率磁控管发射器。CASA 网络设计中最独特的一点是能基于天气和用户需求进行智能扫描。在强雷暴中，单个 CASA 雷达的测量结果产生严重衰减，直至信号完全消失。衰减偏振的测量值能通过信号采用基于 Φ_{dp} 的方法进行校正。在雷达网络设计中，通过在强对流聚焦区扫描范围的背面安装雷达，以自适应地填补天气造成的雷达覆盖缺口，来处理信号完全丢失的情况。CASA 网络设计为填隙式雷达提供了解决方案。在那些对分钟级别而非小时级别的降水进行响应的区域，可能还需要更精细的时空分辨率。

表 5.5　CASA 和 WSR-88D 的特征对比

项目	CASA	WSR-88D
发射器	磁控管	速调管
频率	9.41 GHz（X 波段）	2.7～3.0 GHz（S 波段）
波长	3.2 cm	10 cm
峰值辐射功率	10 kW	500 kW
占空比（最大）	0.001 3	0.002
平均辐射功率	13 W	1 000 W
天线尺寸	1.2 m	8.5 m
天线增益	36.5 dB	45.5 dB
天线罩尺寸	2.6 m	11.9 m
极化	双线性，SHV	双线性，SHV
波束宽度	1.8°	0.925°
PRF	双通道，1.6～2.4 kHz	单通道，322～1 282 Hz
脉冲宽度	660 ns	1 600～4 500 ns
多普勒距离	40 km	230 km
距离增量	100 m	250 m*/1 000 m
方位角增量	1°	0.5°*/1°
扫描策略	60°～360°自适应 PPI 扇形扫描，1°～30°RHI 扫描	360° PPI 扫描，仰角 0.5°～19.5°

注：*指经过 NEXRAD“超分辨率”升级后才能获取这些更高的分辨率。

5.2　星载雷达

5.2.1　热带降水测量任务搭载的降水雷达

第二次世界大战以来，气象雷达被应用于降水观测领域，并已产生了重大价值，但在全球所有地区，包括广阔的海洋和山区，都难以获得可靠的地面降水量信息。地面气象雷达系统存在局限性，这一弱势凸显了气象卫星在获取无缝区域和全球降水信息以进行热带降水研究、天气预报、水文循环建模和气候研究方面的优势。第一颗气象卫星于 1960 年发射，开启了空间大气遥感的新纪元。NASA 和日本宇宙航空研究开发机构（Japan Aerospace Exploration Agency，JAXA）于 1997 年 11 月 27 日合作发射了热带降水测量任务（Tropical Rainfall Measurement Mission，TRMM）卫星。TRMM 最初是为了了解热带未被观测区域的区域性和气候降水模式。降水雷达（precipitation radar，PR）是 TRMM 近地轨道卫星上的主要仪器之一。PR 是首款专门用于测量热带降水系统三维结构和地表降水强度的星载气象雷达。

TRMM 最初是一项实验性任务，其初始预期寿命为 3～5 年。科学界很快意识到准全球降水量测量的潜力，尤其是在见证了 TRMM 卫星在较长时间尺度上对累积降水的估测后。到 2001 年，由于缺乏燃料，TRMM 科学家预测将在 2002 年或 2003 年结束这项任务①。为了继续从 TRMM 的主动和被动传感器组合中收集高分辨率信息，TRMM 科学团队提议将轨道高度从 350 km 增加到 402.5 km 以减小大气阻力，从而延长飞行任务的寿命。除关于热带降水特征的大量发现外，TRMM 产品还用于校准和整合来自多颗极地轨道卫星上传感器的降水信息。美国和世界各地的气象业务机构都在使用实时 TRMM 产品。降水估测的用途十分广泛，如用于实时洪水和滑坡预测系统（Wu et al.，2012；Hong and Adler，2008；Hong et al.，2007a，2007b）。

PR 是第一台星载气象雷达，是支撑全球降水测量（Global Precipitation Measurement，GPM）任务的第二台双频降水雷达的前身。PR 在 Ku 波段运行，是天线为 128 单元开槽式波导阵列的主动相控阵系统，可以略微调整 Ku 波段的频率，以获得 2 776 Hz 固定 PRF 的 64 个独立样本。PR 天线在最低点附近（垂直指向下方）以±17° 的跨轨方向进行电子扫描，从而形成 215 km 的条带宽度。该雷达的波束宽度为 0.71°，水平近地像元分辨率在最低点为 4.4 km，在扫描边缘大约为 5 km。在 20 km 离地高度到地面的整个风暴深度中，PR 的距离分辨率在垂直方向上为 250 m。TRMM 卫星在从南纬 35° 到北纬 35° 的非太阳同步轨道上运转，重访周期为 11～12 h。PR 的主要观测目标是：①提供详细的三维风暴结构；②获得高质量的陆地和海洋 QPE。TRMM 核心卫星还带有一个被称为 TRMM 微波成像仪（TRMM microwave imager，TMI）的多通道被动微波辐射计、一个可见光和红外扫描仪（visible and infrared scanner，VIRS），可用于测量降水。TRMM 仪器扫描带的几何形状如图 5.4 所示。

降水处理系统（precipitation processing system，PPS）是 NASA 开发的一种软件基础框架，用于处理 PR、TMI、VIRS、组合传感器和多卫星标准产品。TRMM 降水估测算法的最终版本称为版本 7 算法。PPS 获取原始数据后生成 1 级辐射产品。这些产品用于生产与降水有关的瞬时 2 级产品。而 3 级产品将 PR 过境观测的数据与被动微波辐射计、对地静止卫星及地面雨量站网相结合。这些后续产品以 0.25° ×0.25° 的格网进行格网化处理，每 3 h 在北纬 50° 到南纬 50° 之间的所有格网点上均可获得相应的产品数据。其中，3 级产品用于气候热带降水研究和水文应用。

已有大量研究探讨了 TRMM 数据的准全球可用性，这些研究使用地面验证仪器（雨量计、雨滴谱仪、地面雷达）来评估 2 级与 3 级降水测量和衍生产品。目前，已经开发出多种方法来校准星载和地面雷达数据，以便比较它们的观测结果（Bolen and Chandrasekar，2003）。Schumacher 和 Houze（2000）比较了 PR 和地面雷达（ground radar，

① 译者注：由于多次运行期的延长，TRMM 卫星实际于 2015 年结束任务。

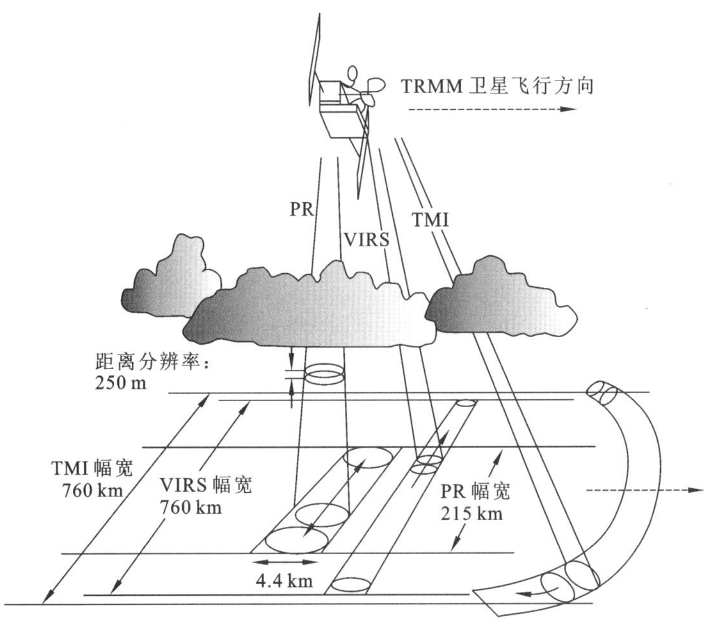

图 5.4　TRMM 仪器扫描带的几何形状（图由 NASA 提供）

TRMM 于 1997 年启动，预期寿命为 3～5 年。已对其采取节省电池等措施，并延长了其使用寿命，使其运行直至 2015 年

GR）的回波覆盖面积，发现 PR 虽然可以捕获主要的降水区域，但无法检测到一些较弱的回波区域。Amitai 等（2009）对瞬时降水量的 PR 和 GR 概率分布函数进行了比较，结果表明 PR 的概率分布函数一般都朝着较低的降水量转移，这表明在最高降水量时会出现低估。研究过程中，在讨论 TRMM PR 和 GR 降水估测值之间的差异时，分析了几个原因，例如校准差异、散射差异、体积是否匹配、衰减校正方法中的误差、反射率与降水的关系不准确、水汽凝结体的物理特性（如相态等）及 NUBF 冲击等。Wen 等（2011）加入来自地面极化雷达的水汽凝结体分类信息，将 PR-GR 比较归类为水汽凝结体类型的函数。他们发现，在出现大直径、湿润的水汽凝结体，如雨水/冰雹混合物、湿雪和霰时，PR 降水估测值会出现低估。Kirstetter 等（2012）开发了一种框架，能利用第 4 章中所讨论的多雷达多传感器（multi-radar multi-sensor，MRMS）算法对 TRMM PR 产品进行综合评估。该框架采用的基本方法不仅能汇总与 PR 像元分辨率相同的 MRMS 降水强度，而且还能对 MRMS 数据进行大量过滤和检查，从而极大程度地提高其质量。处理过程中，首先计算在 MRMS 算法中雨量站校正方案的空间分布格网化偏差。该偏差是通过每小时雷达测量比较计算得出的，该计算的基本假设是雷达偏差在亚小时时间范围内不会表现出明显的变化。然后，将该小时偏差按比例缩小后应用于瞬时（2 min）降水场。如果计算出的偏差太大（<0.1 或>10），则认为校正过度，该像元不予采用。接下来，滤波器将筛选出与雷达 QPE 质量指数（radar QPE quality index，RQI）<1 相关的所有像元。回顾第 4 章，如果区域出现部分波束被遮挡并且波束在融化层内及融化层上方被采样的情况，则 RQI 下降。通过选择 PR 像元中心 2.5 km 半径内的所有像元，将 MRMS 降水强度采样到 PR 像元的分辨率，则平均会搜索到 25 个 MRMS 像元。如果超过 5 个像元缺失降水

强度值，则比较结果不予采用。然后，使用模拟 PR 天线图的加权方案计算 MRMS 降水强度的平均值。接着，使用 MRMS 参考值计算出加权平均值，并将其与从大约 25 个像元邻域内的降水强度分布计算出的标准偏差进行比较。如果加权平均降水强度小于其标准偏差，则认为 MRMS 参考值不可靠，不予采用。若 PR 像元分辨率内的降水呈现较高的变异度，则会影响降水反演，从而带来很大的不确定性。尽管在检查步骤中删除了大量 MRMS 像元，但剩余的数据集数据准确、样本量大且独立于 PR。对 PR 数据未执行统计降尺度等处理。

这些经过审核的 MRMS 数据集已被用于揭示和量化 TRMM PR 的误差特征。Kirstetter 等（2013）比较了两种版本的 PR 降水产品（版本 6 和 7）。他们发现，通过重新调整 *Z-R* 关系，最新版本比以前的版本有所改进，从而纠正了低降水强度（<10 mm/h）下的 PR 降水估测值高估。版本 7 通过改进 NUBF 效果的算法，同时纠正了高降水强度（>30 mm/h）下的 PR 降水估测值低估。Kirstetter 等（2015）从可探测性、降水分类（层状和对流）和定量检测方面研究了亚像元尺度的降水变化对 PR 降水估测的影响。这些特征是根据 PR 视场中 MRMS 算法观测到的雨量分数（即雨水在某个区域内所占的比例，%）和不均匀性（代表 NUBF）进行评估的。如果超过 70%的视场降水量非零，则 PR 能够成功检测降水。他们使用 MRMS 降水类型发现，在视场呈现低填及 NUBF 值较低的情况下，PR 会误检到对流。在降水定量检测方面，Kirstetter 等（2015）的主要发现是 PR 的层状和对流剖面算法似乎缺乏足够的动力来应对极端降水。在雨滴粒径分布（drop size distribution，DSD）异常、信号衰减异常强烈，以及水平梯度大而引起较大的 NUBF 效应等情景下，开展降水定量检测特别具有挑战性。

TRMM PR 产品被认为是被动微波降水估测算法和 3 级产品的“校准器”。因此，PR 的误差将会扩展到其他降水产品。遥感估测是通过雨量计进行校正的，但这种调整是基于每月总量进行的，因此不能实时使用。与 MRMS 中的纯雷达产品类似，必须继续改进遥感产品使其在水文模型等实时应用中的使用效果达到最佳。基于 TRMM 的多卫星数据被作为水文模型及陆面过程模型的输入，以便更好地了解地表和大气之间的质量及能量通量在几天到几年时间尺度上产生的影响（Rodell et al.，2004）。TRMM 3 级产品已用于全球洪水和滑坡监测系统中（Wu et al.，2012；Hong and Adler，2008；Hong et al.，2007a，2007b）。Wu 等（2012）描述的准全球水文预报模型已被许多国家用于洪水监测和预报。但许多国家地面雷达网络或雨量计网络现有的时空分辨率尚不足以用于探测引发洪水的降水量。因此，TRMM 3 级产品尽管存在不确定性，却为许多国家提供了最早可用于降水气候学研究的数据，并能实现全国范围内的实时降水估测。此外，正如第 8 章中将要详细描述的那样，在水文站点缺失地区，1997 年以来的 3 h 降水量估测值可被用于驱动水文模型，从而估测出洪水频率。

5.2.2 美国国家航空航天局 GPM 搭载的双频降水雷达

TRMM 的成功给雄心勃勃的 GPM 任务吃了一颗“定心丸”（http://gpm. nasa.gov）。

GPM 任务于 2014 年成功启动，是 TRMM 的扩展，使用了更先进的仪器来提供更为准确的降水估测，并且能定量估测降雪。GPM 任务核心观测台以 65° 的倾斜度和 407 km 的平均高度在非太阳同步轨道上运行。其核心航天器携带一个双频相控阵降水雷达（dual-frequency，phased-array precipitation radar，DPR），以测量三维降水结构和降水云中的微物理量。DPR 在 Ka 波段（35.5 GHz）和 Ku 波段（13.6 GHz）运行，能够对 Ka 波段以 120 km 的跨轨幅宽、对 Ku 波段以 245 km 的跨轨幅宽，在 5 km（最低点）的覆盖范围下，对降水结构进行三维测量。这两个频率下的波束宽度与 TRMM PR 相同，均为 0.71°。两个雷达的 PRF 为 4 100～4 400 Hz。可变 PRF 方法有望改变反演的低灵敏度现象，这对于降雪反演尤为重要。Ku 波段的脉冲宽度为 1.667 μs，Ka 波段的脉冲宽度为 1.667 μs/3.234 μs。这些脉冲宽度使得在 Ku 波段和 Ka 波段的范围（垂直）分辨率分别为 250 m 和 250 m/500 m。

GPM 任务的核心航天器携带 DPR 并使用先进的 13 通道微波辐射计，对南北纬 65° 之间的区域进行降水估测。GPM 任务的目标是改进陆地上基于被动微波反演的降水估测结果，尤其是在中高纬度地区。核心航天器上的 GPM 微波成像仪（GPM microwave imager，GMI）与 TMI 相似，但具有高达 183 GHz 的更高频率通道和可提高空间分辨率的大型天线。DPR 的主要进步是使用双频比（dual frequency ratio，DFR），其差别仅仅在于 Z 值是针对 Ku 波段还是针对 Ka 波段。此外，雷达信号在降水介质中的衰减速率不同，事实证明，这种衰减差异与 DSD 的特性有关，尤其是与雨滴直径中值有关，因此，雨滴直径中值可被用于 DSD 反演、降水估测及雨雪分离。可以将这些星载测量值与 NEXRAD 极化测量值（即 Z_h 和 Z_{DR}）进行比较，将来自空间观测的独立测量结果用于校准 NEXRAD 极化参数，就像它们被用于通过空间和地面 Z 的比较来识别被错误校准的 NEXRAD 一样（Bolen and Chandrasekar，2003；Anagnostou et al.，2001）。

5.3 相控阵雷达

5.3.1 设计方面与产品精度

NEXRAD 网络目前由众多具有传统基座和天线设计的双极化雷达组成，该网络已经超过了其 20 年的工程设计寿命。WSR-88D 中需要定期维护的组件是运动部件，主要是基座和旋转接头。与传统气象雷达的军事背景类似，相控阵雷达已经存在了数十年。开发它们的主要目的是同时检测来自多个方向的快速移动目标，如飞机和导弹。相控阵雷达是 NEXRAD 的潜在后继技术，与传统的气象雷达相比，它具有以下优点：①体积扫描的更新间隔大约为秒，而不是分钟级别；②能够聚焦于不同领域及多任务使用，同时跟踪飞机（Zrnić et al.，2007）。这些进步将给气象监测带来革新，使人们能够应对快速变化的气象现象，如超级单体风暴、下击暴流和风灾等。此外，根据阵列的设计，可以在所有方向上自动操纵波束，无须使用基座旋转阵列。

相控阵雷达与使用机械旋转抛物面天线的常规雷达之间的主要区别在于波束的指向或控制方式不同。相控阵雷达通过控制各个发射-接收元件的相位和脉冲来形成并自动发射波束。例如，考虑这样一个例子：一个包含元件阵列的平板正对着北方，如果阵列西侧的元件先进行传输，接着是中间的元件，则可以将波束转向东北方向，然后再转向东方。这种内置的从西到东的延迟会导致电磁波的叠加效应，从而有效地将波束引导到东北方向。这一概念也可以应用于与面板指向轴成 45° 角的任何方向（如刚才提供的示例是正北）。此外，某些元件可以专门用于给定的气象情景或风暴，而其他元件则具有不同的用途。这种波束灵敏度使得雷达系统能够实现快速更新并具备多任务功能。

为了开发、测试和证明相控阵技术在运行监视方面的优势，在俄克拉何马州的诺曼市建立了美国国家天气雷达测试台（National Weather Radar Testbed，NWRT）（图 5.5）。NWRT 包括经过改装的美国海军 SPY-1A 相控阵天线、经过改进的 WSR-88D 发射器和定制的雷达处理器（Zrnić et al.，2007）。该天线由 4 352 个元件组成，用于控制波束的方向。它是一个单面板，在方位角方向上提供 90° 的覆盖范围，因此必须通过一个底座进行旋转，以完成完整的体积扫描。通过旋转底座，天线可以扫描整个空间，获取三维信息。在垂直方向上，可通过电子扫描实现高度扫描，具体通过将发射脉冲从底部到顶部逐渐延迟来实现，这样波束方向就可以逐渐向上倾斜，从而实现垂直方向上的扫描。表 5.6 总结了 NWRT 的特性。这种相控阵雷达支持距离范围内 10 倍的过采样，可以记录时间序列数据并进行远程控制。

图 5.5 NWRT 的相控阵雷达天线[图来自 Zrnić 等（2007）]
该天线包含 4 352 个用于电子操纵波束的元件

表 5.6 NWRT 相控阵雷达的基本特性

参数	取值
发射天线直径	约 3.66 m（≈圆形光圈）
波长	9.38 cm（S 波段）

续表

参数	取值
发射波束宽度	大约 1.5°（距波束中心 45° 时最大，为 2.1°）
接收波束宽度	约 1.66°（大于发射波束宽度以减少旁瓣）
发射器功率和脉冲宽度	峰值约为 750 kW，1.57 μs 或 4.71 μs
灵敏度	在 50 km 处反射率为 5.9 dBZ，信噪比=0

资料来源：Zrnić 等（2007）。

5.3.2　双极化

为了获得双极化测量值，通常需要同时发送和接收信号，或者至少需要极快速地进行切换，才能在水平和垂直极化条件下产生匹配的波束图。这项要求对相控阵雷达提出了极大的挑战，极化变量的测量误差对于传统的抛物面天线，尤其是对于 Z_{DR}，具有重要意义。如果使用平面相控阵雷达（如 NWRT），则偏离指向角（称为宽边）的波束具有更大的波束宽度和较低的灵敏度，并且从非正交波获得极化测量结果较为困难。Zhang 等（2011）提出了圆柱偏振相控阵雷达（cylindrical polarimetric phased-array radar，CPPAR），这种雷达的设计避免了平面设计中的许多问题。圆柱形设计在保持了正交极化的基础上，在所有方位都具有相同的波束宽度和灵敏度，这种雷达最近才开始建造并在移动平台上进行演示（图 5.6）。

图 5.6　CPPAR 的原型

CPPAR 可在收集双极化雷达矩数据的同时保持分辨率

5.3.3 对水文学的影响

能支撑水文应用的相控阵雷达能够以小于 1 min 的频率提供降水强度估测，这是其最大的测量优势。请注意，WSR-88D 大约需要 5 min 才能完成整个体积扫描。第 4 章中描述的 MRMS 算法以 2 min 的时间分辨率生产降水强度产品。但 MRMS 算法只有在两个或两个以上雷达覆盖的区域才能达到最高频率，并且两个雷达不能同步运行。这意味着两个或两个以上雷达将针对重叠区域提供独立的雷达测量结果，从而得出比 5 min 频率更高的降水强度估测值。相控阵雷达网络将能够以高于 1 min 的频率产生降水强度，对于降水响应非常迅速的小型城市流域最为适用。

图 5.7 展示了使用相控阵雷达测量所得降水数据计算得到的中型流域（集水面积为 813 km^2）降水强度的时间序列，但在不同时间间隔下进行了重采样。我们可以看到，雷达估测所采用的重采样时间会影响降水强度估测结果。在这个集水面积下，重采样时间间隔为 15 min 的降水强度曲线与重采样时间间隔为 5 min 的降水强度曲线非常相似。它们的峰值大约是重采样时间间隔为 1 h 的降水强度曲线峰值的两倍。该结果表明，亚小时尺度采样对于这类中型流域而言十分重要。在这项实践中，接下来的步骤是将以不同频率采样的降水强度输入水文模型中，并将模拟的径流结果与实测流量进行比较。结果显示，在任何情况下，时间分辨率小于 15 min 的时间序列基本一致，这表明在中型流域进行 1 min 采样不一定会对水文模拟产生影响。降水的时空分辨率对水文响应的影响取决于流域规模、地形起伏、土壤类型和深度及土地覆盖类型等。

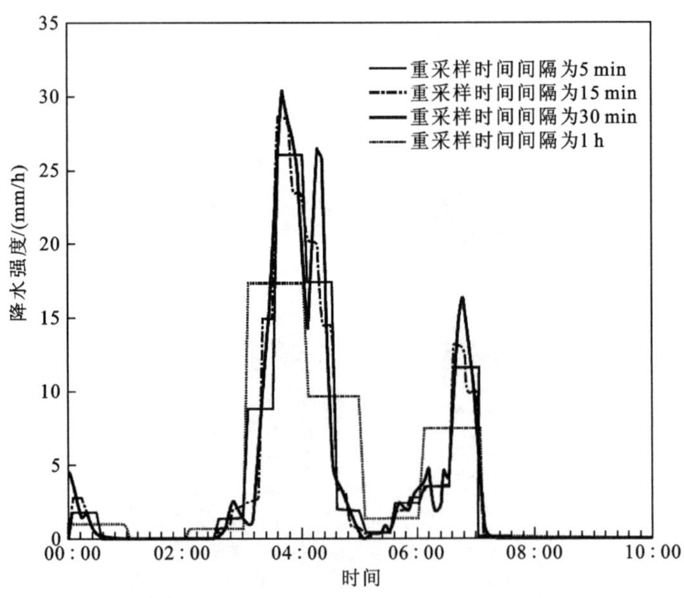

图 5.7　相控阵雷达估测降水强度的时间频率对全流域降水的影响

问　题　集①

1. 简要描述小型移动雷达与固定站点 S 波段气象雷达的优缺点。
2. 简要描述相比于 TRMM，GPM 任务有哪些优势。
3. 相控阵雷达的主要特点是什么？
4. 相较于传统雷达，相控阵极化雷达面临哪些挑战和机遇？

参 考 文 献

Amitai, E., X. Llort, and D. Sempere-Torres. 2009. Comparison of TRMM radar rainfall estimates with NOAA next-generation QPE. *Journal of the Meteorological Society of Japan* 87A: 109-118.

Anagnostou, E. N., C. A. Morales, and T. Dinku. 2001. The use of TRMM precipitation radar observations in determining ground radar calibration biases. *Journal of Atmospheric and Oceanic Technology* 18: 616-628.

Biggerstaff, M. I., L. J. Wicker, J. Guynes, C. Ziegler, J. M. Straka, E. N. Rasmussen, A. D. IV, L. D. Carey, J. L. Schroeder, and C. Weiss. 2005. The Shared Mobile Atmospheric Research and Teaching Radar: A collaboration to enhance research and teaching. *Bulletin of the American Meteorological Society* 86(9): 1263-1274.

Bolen, S. M., and V. Chandrasekar. 2003. Methodology for aligning and comparing spaceborne radar and ground-based radar observations. *Journal of Atmospheric and Oceanic Technology* 20: 647-659.

Bousquet, O., A. Berne, J. Delanoe, Y. Dufournet, J. J. Gourley, J. Van-Baelen, C. Augros, L. Besson, B. Boudevillain, O. Caumont, E. Defer, J. Grazioli, D. J. Jorgensen, P. E. Kirstetter, J. F. Ribaud, J. Beck, G. Delrieu, V. Ducrocq, D. Scipion, A. Schwarzenboeck, and J. Zwiebel. 2015. Multiple-frequency radar observations collected in southern France during the field phase of the hydro logical cycle in the Mediterranean experiment(HyMeX). *Bulletin of the American Meteorological Society* 96(2): 267-282②.

Cheong, B. L., R. D. Palmer, M. Yeary, T. Y. Yu, and Y. Zhang. 2011. Design, fabrication and test of a TWT transportable polarimetric X-band radar. *Proceedings 91st Annual Meeting*, American Meteorological Society, Seattle, Washington, January.

Ducrocq, V., I. Braud, S. Davolio, R. Ferretti, C. Flamant, A. Jansà, N. Kalthoff, E. Richard, I. Taupier-Letage, P. Ayral, S. Belamari, A. Berne, M. Borga, B. Boudevillain, O. Bock, J. Boichard, M. Bouin, O. Bousquet, C. Bouvier, J. Chiggiato, D. Cimini, U. Corsmeier, L. Coppola, P. Cocquerez, E. Defer, J. Delanoë, P. D. Girolamo, A. Doerenbecher, P. Drobinski, Y. Dufournet, N. Fourrié, J. J. Gourley, L. Labatut, D. Lambert, J. L. Coz, F. S. Marzano, G. Molinie, A. Montani, G. Nord, M. Nuret, K. Ramage, B. Rison, O. Roussot, F. Said, A. Schwarzenboeck, P. Testor, J. S. Baelen, B. Vincendon, M. Aran, and J. P. Tamayo. 2014. HyMeX-SOP1, the field campaign dedicated to heavy precipitation and flash flooding in the northwestern Mediterranean. *Bulletin of the American Meteorological Society* 95(7): 1083-1100.

① 译者注：原著中问题集有 5 个问题，但有 1 个问题与第 2 章问题集重复，此处将该问题删去。
② 译者注：原著中为(In press)，译著出版时间滞后，该文献已见刊，此处更正为 96(2)：267-282。

Gourley, J. J., D. P. Jorgensen, S. Y. Matrosov, and Z. L. Flamig. 2009. Evaluation of incremental improvements to quantitative precipitation estimates in complex terrain. *Journal of Hydrometeorology* 10: 1507-1520.

Hong, Y., R. F. Adler, F. Hossain, S. Curtis, and G. J. Huffman. 2007a. A first approach to global runoff simulation using satellite rainfall estimation. *Water Resources Research* 43(8): W08502.

Hong, Y., R. Adler, and G. Huffman. 2007b. An experimental global prediction system for rainfall-triggered landslides using satellite remote sensing and geospatial datasets. *IEEE Transactions on Geoscience and Remote Sensing* 45(6): 1671-1680.

Hong, Y., and R. F. Adler. 2008. Predicting global landslide spatiotemporal distribution: Integrating landslide susceptibility zoning techniques and real-time satellite rainfall estimates. *Special Issue of International Journal of Sediment Research* 23(3): 249-257.

Isom, B., R. Palmer, R. Kelley, J. Meier, D. Bodine, M. Yeary, B. L. Cheong, Y. Zhang, T. Y. You, and M. I. Biggerstaff. 2013. The Atmospheric Imaging Radar: Simultaneous volumetric observations using a phased array weather radar. *Journal of Atmospheric and Oceanic Technology* 30: 655-675.

Kirstetter, P. E., Y. Hong, J. J. Gourley, S. Chen, Z. L. Flamig, J. Zhang, M. Schwaller, W. Petersen, and E. Amitai. 2012. Toward a framework for systematic error modeling of spaceborne precipitation radar with NOAA/NSSL ground radar-based National Mosaic QPE. *Journal of Hydrometeorology* 13: 1285-1300.

Kirstetter, P. E., Y. Hong, J. J. Gourley, M. Schwaller, W. Petersen, and J. Zhang. 2013. Comparison of TRMM 2A25 products, version 6 and version 7, with NOAA/ NSSL ground radar-based National Mosaic QPE. *Journal of Hydrometeorology* 14: 661-669.

Kirstetter, P. E., Y. Hong, J. J. Gourley, M. Schwaller, W. Petersen, and Q. Cao. 2015. Impact of sub-pixel rainfall variability on spaceborne precipitation estimation: evaluating the TRMM 2A25 product. *Quarterly Journal of the Royal Meteorological Society* 141: 953-966 .

MoLaughlin, D., D. Pepyne, V. Chandrasekar, B. Philips, J. Kurose, M. Zink, K. Droegemeier,S. Cruz-Pol,F. Junyent,J. Brotzge, D. Westbrook,N. Bharadwaj, Y. Wang, E. Lyons, K. Hondl, Y. Liu, E. Knapp, M. Xue,A. Hopf, K. Kloesel,A. Defonzo, P. Kollias, K. Brewster,R. Contreras, B. Dolan, T. Djaferis, E. Insanic, S. Frasier, and F. Carr. 2009. Short-wavelength technology and the potential for distributed networks of small radar systems. *Bulletin of the American Meteorological Society* 90: 1797-1817.

Palmer, R., M. Biggerstaff, P. Chilson, G. Zhang, M. Yeary, J. Crain, T. Y. Yu, Y. Zhang, K. Droegemeier, Y. Hong, A. Ryzhkov, T. Schuur, and S. Torres. 2009. Weather radar education at the University of Oklahoma: An integrated interdisciplinary approach. *Bulletin of the American Meteorological Society* 90: 1277-1282.

Rodell, M., P. R. Houser, U. Jambor, J. Gottschalck, K. E. Mitchell, C. Meng, K. R. Arsenault, B. Cosgrove, J. D. Radakovich, M. G. Bosilovich, J. K. Entin, J. P. Walker, D. Lohmann, and D. Toll. 2004. The global land data assimilation system. *Bulletin of the American Meteorological Society* 85: 381-394.

Schumacher, C., and R. A. Houze, Jr. 2000. Comparison of radar data from the TRMM satellite and Kwajalein oceanic validation site. *Journal of Applied Meteorology* 39: 2151-2164.

Wen, Y., Y. Hong, G. Zhang, T. J. Schuur, J. J. Gourley, Z. L. Flamig, K. R. Morris, and Q. Cao. 2011. Cross validation of spaceborne radar and ground polarimetric radar aided by polarimetric echo classification of hydrometeor types. *Journal of Applied Meteorology and Climatology* 50: 1389-1402.

Wu, H., R. F. Adler, Y. Hong, Y. Tian, and F. Policelli. 2012. Evaluation of global flood detection using satellite-based rainfall and a hydrologic model. *Journal of Hydrometeorology* 13(4): 1268-1284.

Zhang, G., R. J. Doviak, D. S. Zrnić, R. Palmer, L. Lei, and Y. Al-Rashid. 2011. Polarimetric phased-array radar for weather measurement: A planar or cylindrical configuration? *Journal of Atmospheric and Oceanic Technology* 28: 63-73. doi: http:// dx. doi. org/10. 1175/2010JTECHA1470. 1.

Zrnić, D. S., J. F. Kimpel, D. E. Forsyth, A. Shapiro, G. Crain, R. Ferek, J. Heimmer, W. Benner, T. J. McNellis, and R. J. Vogt. 2007. Agile beam phased array radar for weather observations. *Bulletin of the American Meteorological Society* 88(11): 1753-1766.

第 6 章

水循环雷达观测技术

6.1 水文循环

水文循环主要描述水在地球表面、海洋和上层大气的分布、运动及其通量，主要的通量包括降水量、蒸散发量、河流流量、入渗量和地下水流量。出于多种原因，追踪和量化水在整个水文循环过程中的分布非常重要。淡水维持着地球上陆地植物和动物的生命。这种珍贵的资源仅占地球上可用水总量的 3%，其中大部分淡水被锁在冰盖和冰川中（约 69%）或作为地下水存储（约 30%）。因此，仅约有 0.3%的地球淡水储存在湖泊、河流和沼泽地表。水资源监测对于生物维持生命至关重要，尤其是在容易出现长期干旱和水资源短缺的地区。通过了解水文循环内水的分配可以进一步推测地球的气候状态。寒冷的气候状态与从液体到冰的相变有关，会产生大型极地冰盖、冰川及已经在过去记录过的冰河世纪。气候变暖会使冰减少，海水增加。我们可以通过观测水文循环中的这些细微变化，确定地球不断变化的气候系统轨迹。本章将介绍用于监测水文循环各个组成部分的遥感解决方案。

为了计算封闭水平衡，本章引入流域的概念。流域是根据地形确定的有界地理区域。流域的广义水平衡公式为

$$\Delta S = P - Q - \mathrm{ET} \tag{6.1}$$

式中：P 为降水量；Q 为河流流量；ET 为蒸散发量；ΔS 为存储的水量，对应分布在不同隔层中的多个储水层内，包括土壤、下层含水层、积雪、湖泊和沼泽。ΔS 难以测量和量化，因此在式（6.1）中通常将其视为残差项。对于受到人类活动影响较多的流域，这种简单的水平衡会变得更加复杂。例如，地下水开采可以将地下蓄水层中储存的大量水抽出，然后将其运出流域，也可以将其储存在地表作为 ET 或 Q 的主要来源。河水也可以储存在河道中，或者抽取出来用于市政或农业，如对农作物进行灌溉。

如第 1～5 章所述，可通过地面仪器（如雨量站）或雷达来测量降水。传统情况下，使用可测量河流深度（或水位）的原位浮动设备来测量河流流量，其利用水位-流量关系曲线将水位值转换为流量值（每单位时间的体积）。通过在一年中的不同时间现场测量流速、水位高度和横截面（或测深）等，可建立所需的水位-流量关系曲线。图 6.1 显示的是俄克拉何马州中南部布卢里弗流域（Blue River Basin）的水位-流量关系曲线，圆圈表示各个测量值，我们可以看到，在较低流量下，显示出了四种模式的水位-流量变化关系，出现这种变化主要是由于沉积物运动、水生植被生长、水道分汊等引起的河床变化。而这些变化因素相对于高洪水流量可以忽略不计。在建立并定期更新水位-流量关系曲线后，可进行水位与流量的转化计算。本章的后半部分将介绍使用雷达估测河道流量的基本概念。

蒸散发量（ET）是来自表层土壤和光合作用活跃的植被的水蒸气通量。直接测量 ET 比较困难，因此一般会使用许多方法对 ET 进行估测，而无论使用哪种方法，通常都需要气象观测值作为支撑，如温度、风速、相对湿度和太阳辐射。此外，选取的方法还随作物类型、气孔阻抗和植物可用水的改变而变化。灌溉作物的 ET 可能非常高。潜在

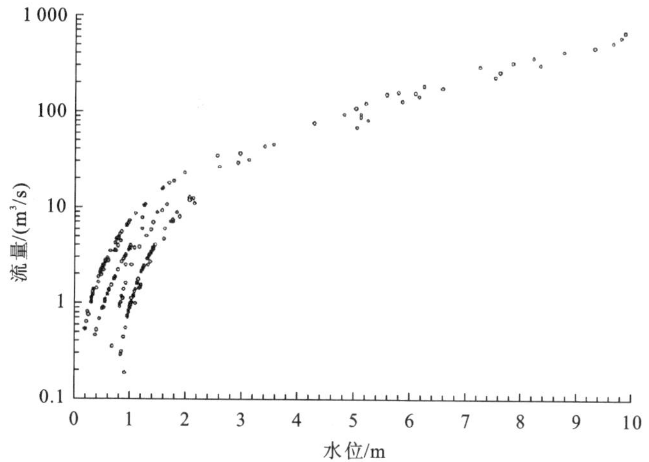

图6.1　俄克拉何马州中南部布卢里弗流域的水位-流量关系曲线

水位-流量关系曲线将河道水位（单位为 m）的自动测量值与流量（单位为 m^3/s）相关联

（本案例采用的水文站点为 USGS[①] # 07332500）

蒸散发（PET）的概念通常用于水文模型和水平衡研究中，PET 指在理想的农作物灌溉条件（即无限供水时）下可能发生的蒸散发量。在一年中的炎热、晴天和大风期间，该值往往是最大的。PET 比 ET 更容易估测，因此通常的做法是估测 PET，并通过模型模拟，或者根据土壤湿度测量值量化植物对水的可用性，来对 PET 进行估测。

图 6.2 展示了利用式（6.1）计算得到的布卢里弗流域的逐月水量平衡。从流域逐月

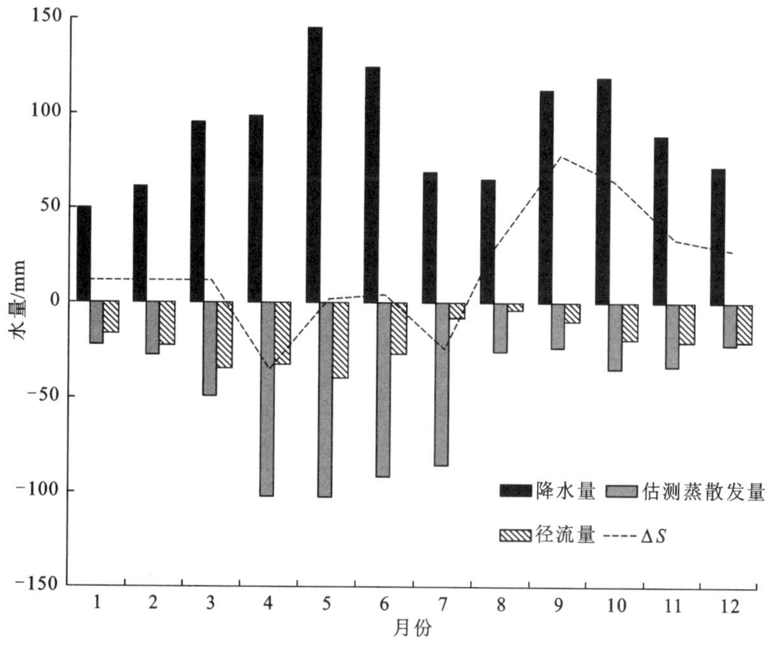

图 6.2　俄克拉何马州中南部布卢里弗流域的逐月水量平衡

将存储的水量 ΔS 作为残差，使用式（6.1）进行计算

① 译者注：USGS，即 United Stated Geological Survey,美国地质调查局。

平均降水量 P 的序列中可知，在春末降水量首先达到峰值，第二个峰值出现在秋季。ET 造成的估测损失大致反映了全年 P 的趋势，但量较小。根据流域面积进行归一化得到平均流量，其值明显小于作为输入的 P 和作为输出的 ET。在秋季，Q 对作为输入的 P 的响应存在滞后。ΔS 在秋初的月份达到最大值，这表明在炎热干燥的夏季之后流域开始储水。事实证明，布卢里弗流域的岩溶地质构造与地表水和地下水之间具有高度连通性。夏季之后，布卢里弗流域进入储水模式，流入的水为含水层补水。正如我们所看到的，可通过简单的水平衡公式洞察有关该流域的水文循环变化情况。用于进行此分析的所有观测值均来自现场测量（即地面气象观测、雨量站观测、水位计观测等）。值得注意的是，这些观测结果是基于数十年数据的气候学值。对于如此大的时间尺度，可以使用站点数据，因为站点观测值对于大空间尺度而言更具有代表性。但当我们研究或预测某一给定的风暴降水作为输入的流域水文响应时，就必须明确水文变量的时空格局，这被称为分布式水文学，适用于雷达的水文观测。

雷达降水和微物理量研究已经可以通过使用从 W 波段到 S 波段波长的地面、机载和星载雷达完成。基于雷达的定量降水估测（quantitative precipitation estimation，QPE）被广泛用于水文学研究，并作为监测和预测山洪的操作系统的输入。在本章中，首先讨论了雷达技术可被用于监测水文循环中的水储量和通量，包括径流、地表水深度及其空间范围、地表土壤湿度、根区土壤湿度及地下水位深度等。ET 是水文循环的一个组成部分，对于雷达技术来说，ET 相对难以模拟。一般情况下，检测从云顶直到水面的水，所需使用的雷达波长逐渐增加（请参见表 1.1）。在某些情况下，雷达发射波必须垂直向下指向地球，所以在机载和星载平台上更容易进行此类测量。

6.2 地 表 水

6.2.1 径流雷达

近年来，在水文研究领域已经出现了利用遥感估测流量的新方法，如声学多普勒廓线仪等，相比于传统方法，该方法更为经济（Yorke and Oberg，2002；Simpson and Oltmann，1993）。声学多普勒廓线仪通常部署在水流底部，可以更精确地测量流速和水深。使用雷达和粒子图像测速技术的非接触式水流测量方法也取得了最新进展（Costa et al.，2006；Creutin et al.，2003）。使用大规模粒子图像测速（large-scale particle image velocimetry，LS-PIV）技术时，需要将光学仪器（如照相机）安装在桥梁上并对准水面，利用软件追踪气泡在水面的运动并计算其速度。LS-PIV 技术价格便宜，但需要知道河道横断面信息，包括水位等，才能准确估测河川径流。

Costa 等（2006）提出了一种非接触式雷达解决方案，该方案可测量水流表面速度，具体通过将缆装式 9.36 GHz 脉冲多普勒雷达、350 MHz 单静态特高频（ultra high frequency，UHF）和连续波 24 GHz 微波系统的测量结果与站点实测流量进行对比来实现。首先，使用由流量计和声学多普勒廓线仪测得的廓线，将水流表面流速转换为平均流速（随深度变化）。此外，还需要获取河道横断面信息来计算流量。为此，他们使用了并置且对地定向的 100 MHz 探地雷达（ground-penetrating radar，GPR），在低电导率的水中，通过将一个位于正下方的 GPR 沿着一根跨越河流的电缆移动，测量到了河道横断面的信息，误差在 1%和 5%之间。这种信息虽然不太容易获取，但与近乎连续的流速（和水位高度）测量相结合，可以得出与现场流量计测量相比误差小于 5%的流量测量结果。在此项探索性研究中，研究人员指出，遥感手段的优势包括成本更低、测量更安全（非接触式）、频率更高、结果也可能更准确。但使用遥感手段也存在一些限制因素，包括在高电导率河水中需要将 GPR 放置在河道底部（在富含沉积物的洪水中更为常见）、GPR 需要索道才能穿越河道等。

图 6.3 是径流雷达的概念示意图。该概念性雷达以上述非接触式雷达测量原理为基础，但只使用一个雷达系统进行所有必需的测量（即河道横断面、水位高度和水流表面流速）。双频（UHF、Ku 波段）扫描多普勒雷达安装在靠近水流的塔上。当雷达指向最低点附近并垂直于水流扫描时，将使用 UHF 通道以获取河道横断面信息（或测深法）。此类测量需要穿透水体到达河床，因此可能在沉积物丰富、河道较深的河流中使用时会受到限制。值得注意的是，河道横断面数据不需要经常进行测量，测量频率可定为每周一次等。然后，雷达将使用 Ku 波段通道对同一河道横断面进行扫描来反演水位高度。由于较高的频率无法穿透水体，所以认为水位是水体顶部（通过 Ku 波段）和河道底部（通过 UHF）的距离之差。接下来，雷达将使用 Ku 波段向上扫描水流而不是对其进行横向扫描。在这种准连续多普勒数据采集模式下，雷达可以采集到水流表面流速值。由于该方法测量了估测流量所需的全部变量，所以无须人工测量水位流量关系曲线。

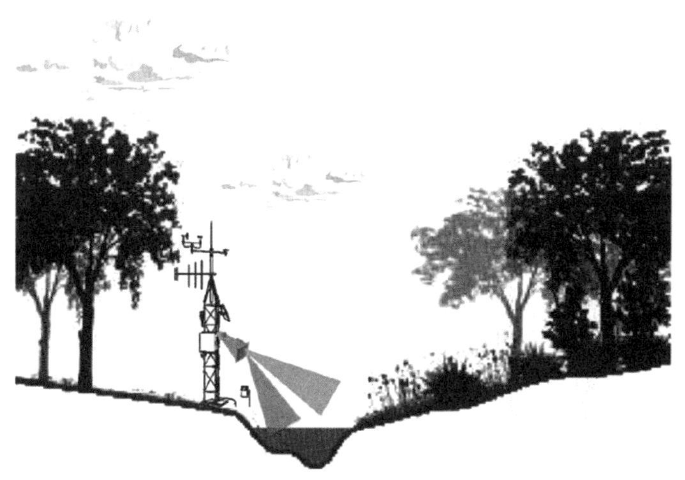

图 6.3　双频扫描径流雷达工作示意图

双频扫描径流雷达能够同时测量水流表面流速、水位高度和河道横断面

数据可以现场记录，也可以通过无线电、手机或卫星通信进行传输，对功率的要求不高。因此，可以通过在附近安装太阳能电池板的办法进行供电。径流雷达的设计旨在

降低流量测量成本，将测量装备轻型化，并将小型河道流量的现场测量精度控制在 10%以内等。这种用于流量估测的遥感解决方案甚至有可能以机载平台（如无人机）为载体，该系统能够对河流沿途多处进行流量观测，从而提供沿河道方向上的流量分布情况，这一创举在以前无法实现。

6.2.2 地表水测高

雷达能提供视场内目标的精确范围，当卫星以天底（正下方）方位指向海洋和陆地水体时，它们可以提供海洋地形和湖泊、水库、沼泽及河流水面高度变化的详细信息，这是地表水测高的基础。海洋观测能够解决对天气预报、航运和渔业管理等领域至关重要的海洋环流问题。例如，墨西哥湾流（Gulf Stream）作为众所周知的海洋环流，是本杰明·富兰克林（Benjamin Franklin）在跨越大西洋航行中偶然发现的，该海洋环流影响了美国东部沿海的降水方式。海洋环流在全球碳交换和热交换中起着重要作用，对其进行监测将有助于人们了解全球气候变化。对陆地和沿海地区进行观测，量化地表淡水储量的时空变化，对水文研究也至关重要。对于大型河流，获取水面比降后，基于地表水测高信息还可以估测出河流的体积流量。

美国国家航空航天局（National Aeronautics and Space Administration，NASA）和法国国家太空研究中心（Centre National d'Etudes Spatiales，CNES）在 2020 年共同启动地表水海洋地形（Surface Water Ocean Topography，SWOT）任务，SWOT 任务携带有一个 Ka 波段雷达干涉仪（Ka-band radar interferometer，KaRIN）。干涉测量的原理是将雷达脉冲分开发送到两个间隔距离已知的天线（以 SWOT 任务为例，距离为 10 m），信号被发送到地球表面，然后被反射并由支架另一侧的天线接收，如图 6.4 所示。由于折射率或

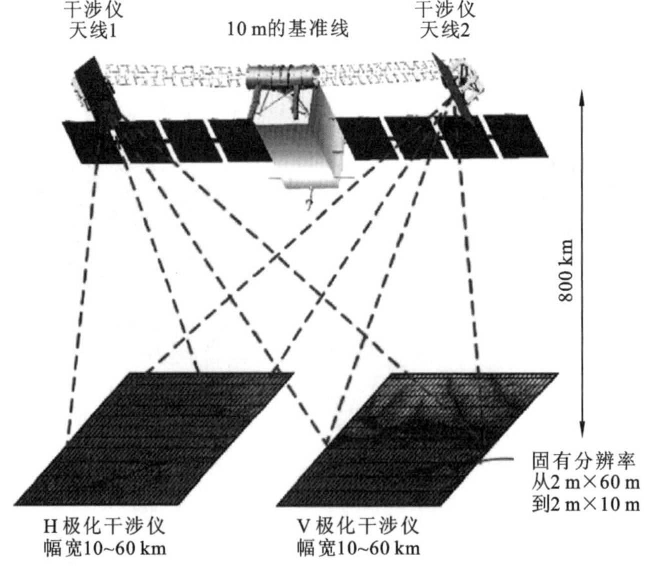

扫一扫，见彩图

图 6.4 使用干涉法原理反演地表水水面高程（图由 NASA 喷气推进实验室提供）
图中所示的是 KaRIN，是 SWOT 任务的核心

路径长度本身的差异，可从接收到的信号中提取出非常小的相位差。由于雷达脉冲穿越的大气条件非常相似，所以可以认为这些差异是由路径长度不同导致的，而由该路径长度可推算出地表水的高度精度。KaRIN 可为分辨率为 2×[10 m（远端）～60 m（近端）]的像元提供约 1 cm 的地表水高度精度，总幅宽为 120 km，重访周期为 22 天。

SWOT 任务的计划寿命为三年，结合其轨道特征与 KaRIN 技术规范，它能够以 15 km 或更大的空间分辨率描述海洋环流特征。SWOT 任务之前的测高任务只能够测量大于 200 km 的海洋环流，因此 SWOT 任务将填补巨大的观测空白。在陆地水体方面，SWOT 任务能提供全球 250 m^2 以上湖泊、水库和沼泽的水储量变化，并可以为宽度大于 100 m（甚至 50 m）的河流提供水面梯度测量值来估测径流量。尽管 SWOT 任务的重访周期为 22 天，但它也可能可以观测到沿海风暴潮引发洪水及河道发生洪水淹没等情况下的水面高程。目前，SWOT 任务的首要目标是对全球地表水进行首次普查。

6.2.3 合成孔径雷达

根据式（1.6），脉冲雷达系统的距离分辨率由脉冲宽度确定，方位角分辨率由波束宽度决定，而波束宽度取决于天线的物理尺寸。可以通过增加发射信号的带宽来压缩脉冲宽度，这称为脉冲压缩。但是在许多平台上，天线的尺寸和重量都受到限制。对于常规有效孔径雷达（real aperture radar，RAR），更大尺寸的天线才能在方位角方向上实现高分辨率，但是将其安装在飞机或航天器上可能不切实际。而合成孔径雷达（synthetic aperture radar，SAR）能通过快速移动和垂直于飞行轨迹的视场克服天线尺寸的限制，从而获得高方位角分辨率。SAR 的设计理念与相控阵雷达十分相似，后者在圆柱或平板上有很多元件。SAR 通过在传输多个脉冲的同时快速移动小型天线并假设目标物静止不动或与天线相比速度可忽略不计来模拟相控阵。这种技术的最终结果与具有时间偏移传输的大型元素阵列相同，波束就是这样被电子驱动的。在 SAR 的情况下，通过在空间上移动雷达本身来实现相位偏移，而不是在相控阵雷达情况下直接重新排列多个偶极子的相位，最终结果是产生高方位角分辨率的合成大型天线。

SAR 被用于绘制地表特征，其用途类似于光学仪器。SAR 的最大优势是能够在夜间和阴天收集数据。通过采用干涉测量法和极化技术[具体分别在 SAR 干涉测量（synthetic aperture rader interferometry，InSAR）和极化 SAR（polarinetric synthetic aperture radar，PolSAR）中]，SAR 最适合用于石油泄漏、地震、山体滑坡、火山和洪水等危机事件中（Tralli et al.，2005）。TerraSAR-X 是德国航空航天中心（German Aerospace Center）与 EADS Astrium 公司之间执行的 SAR 卫星任务。TerraSAR-X 于 2007 年发射了 X 波段极化 SAR，在 514 km 的太阳同步轨道上运行。与光学传感器不同，由于合成孔径和脉冲压缩技术，SAR 的分辨率基本上与位高无关。通常，载波频率越高，合成孔径路径（等效天线尺寸）就越长。因此，即使对于机载 SAR，如果天线尺寸为 12 m，分辨率也可能低至 6 m。

TerraSAR-X 以其最高分辨率进行观测时，范围可从 5 km×10 km 延伸至 150 km×

100 km，其重访周期为 11 天。来自 TerraSAR-X 的和在其他波长（如 C 波段和 L 波段）工作的平台的 SAR 数据已被用于多项水文学研究，包括监测城市的洪水动态、率定水力学模型和洪水淹没模型及支撑实时洪水管理等（Schumann et al.，2011；Stephens et al.，2011；Di Baldassarre et al.，2009；Mason et al.，2009；Matgen et al.，2007）。

6.3 地 下 水

正如我们在布卢里弗流域水量平衡计算中所看到的那样，地下水由于可通过岩溶含水层排放至地表径流中，对逐月地表径流的形成有着重要作用。请注意，这些结论是由水平衡公式式（6.1）中的残差项 ΔS 及流域地质信息推导得出的。检测地下水位深度并监测其随时间变化的能力，将极大地提高对地表水和地下水相互作用关系的水文学理解。遥感测量将有助于更好地管理地下水资源，同时也能改进对地表水的监测和预报。

地表土壤湿度和根区土壤湿度在生态、农业、天气预报和洪水预报应用中起着重要作用。与从其他类型的雷达中反演出的数据一样，对于土壤湿度数据，也必须对遥感观测值进行校准或至少利用地面站点测量进行验证。但与其他水文要素（如降水）不同，基于站点的地下水和土壤湿度观测值较为稀疏。另外，可以使用监测井来确定地下水位的深度，但钻井成本很高，并且像任何现场仪器一样，监测井在对空间分布的表征上也有局限性，所以现场布设土壤湿度传感器比布设地下水监测井更为普遍。土壤湿度传感器可以提供从地面下方 5～75 cm 的多个深度数据，来自机载和星载平台的天底指向（nadir-pointing）雷达可以绘制地表和根区的土壤湿度空间分布图。GPR 能够测量更深层的土壤湿度，并探测出地下水位。这些新的雷达技术将提供有关地下水的时空分布，从而支撑新理论的形成和更完善的模型预测。

6.3.1 L 波段雷达

L 波段微波遥感利用低频波段测量地表 0～5 cm 的土壤湿度（Colliander et al.，2012），已使用机载被动、主动、L 波段和 S 波段（passive，active，L-，and S-band，PALS）传感器进行了相关测试。NASA 于 2014 年启动土壤水主被动测量（Soil Moisture Active and Passive，SMAP）任务，该任务携带 L 波段 SAR 和被动微波辐射仪。与 L 波段被动微波辐射仪测量相比，从 L 波段雷达获得的土壤湿度测量值具有较高的空间分辨率，但测量准确度仅为中等。与被动系统相比，L 波段雷达对土壤表面特征（如表面粗糙度、地形特征和植被冠层等）更为敏感（Hong et al.，2012）。

SMAP 任务是美国国家研究理事会（National Research Council）在《地球科学十年调查报告》（*Earth Science Decadal Survey Report*）中推荐的四项首要任务之一（Hong et al.，2012）。SMAP 任务可提供地表（约 5 cm）土壤湿度、冻结/融化状态及根区土壤湿度（也可以通过将地表土壤湿度同化到陆面模型中进行模拟）的测量结果。SMAP 任务的主要科学目标是估测陆地表面的水、碳和能量通量，改善天气和气候预报水平，提高干旱和洪水监测能力（Yuen，2012）。

SMAP 任务 L 波段（1.26 GHz）SAR 具有水平极化（HH）/垂直极化（VV）的发送值和接收值及交叉极化（HV）的接收值。同样，在 L 波段（1.4 GHz）的被动辐射仪具有 H、V、U 极化，它们共用一个 6 m 直径的可展开式网状天线，并以 13 r/min 的速度以 40° 的恒定入射角进行锥形扫描。SMAP 任务在高度为 685 km 的太阳同步轨道上运行，生成宽为 1 000 km 的条带。对这两种仪器数据进行融合的科学目标是：在空间分辨率为 10 km 的情况下，体积含水量的观测精度达到 0.04 m^3/m^3，全球土壤湿度观测的时间频率为 2～3 天（Entekhabi et al.，2010）。PALS 传感器的主要原理与 SMAP 任务相似，即反向散射增加代表土壤湿度变大。这由水和土壤之间的相互关系导致，将在介绍 GPR 的 6.3.3 小节中对此进行更深入的讨论（Bolten et al.，2003）。

6.3.2　C 波段雷达

除 L 波段雷达外，C 波段雷达也可以用于估测土壤层顶部数厘米的土壤湿度。例如，Advanced SCATterometer（ASCAT）是一个 C 波段真实孔径雷达（5.255 GHz），它安装在欧洲气象卫星开发组织（European Organisation for the Exploitation of Meteorological Satellites，EUMETSAT）所运营的气象预报卫星 MetOp 上，有两个垂直极化天线。卫星的平均高度为 817 km，其轨道宽度为 550 km，每 1.5 天能实现一次全球覆盖。ASCAT 的主要产品是 25 km 和 50 km 空间分辨率下的海洋风速和风向、极地冰块及活跃风暴数据。土壤相对湿度（或饱和度）是由 Wagner 等（1999）[①]使用维也纳技术大学（Vienna University of Technology）基于时间序列的变化检测算法所开发的衍生产品。该算法使用指数过滤器，利用地表土壤湿度产品的时间序列估测土壤湿度剖面的平均值。这种方法假定土壤湿度与分贝空间中的反向散射之间存在线性关系。Wagner 等（1999）的指数过滤器相对简单，但它是一种有效的方法，依赖于微分方程的解析解，能采用站点观测和建模数据用表层的土壤湿度值可靠地反演土壤湿度剖面。指数过滤器能有效求解地表土壤湿度（SSM）和根区土壤湿度（RZSM），下面是 Wagner 等（1999）确定根区土壤湿度的方法（简单版本）（Brocca et al.，2011）：

$$\mathrm{RZSM}_n=\mathrm{RZSM}_{n-1}+K_n[\mathrm{SSM}(t_n)-\mathrm{RZSM}_{n-1}] \tag{6.2}$$

在 t_n 时刻，增益 K_n 在 0～1 变化，为

$$K_n=\frac{K_{n-1}}{K_{n-1}+\mathrm{e}^{-\frac{(t_n-t_{n-1})}{T}}} \tag{6.3}$$

其中，T 是土壤湿度变化的特征时间尺度。为了初始化指数过滤器，将 K_0 设置为 1，并将 RZSM_0 设置为 $\mathrm{SSM}(t_0)$，可由此确定 SSM 和 RZSM。

① 译者注：原著此处参考文献缺失，应为 Wagner, W., G. Lemoine, and H. Rott. 1999. A method for estimating soil moisture from ERS scatterometer and soil data. *Remote Sensing of Environment* 70: 191-207。

6.3.3 探地雷达

GPR 是穿透地表以确定土壤湿度和地下水位的最常见的非侵入性方法（Doolittle et al.，2006）。现代的 GPR 体积小、重量轻且易于携带，在大多数情况下，只需要 1～2 人就能完成对 GPR 的操作。过去的 30 年中，出现了许多有关 GPR 的研究，并且该领域随着研究的深入而迅速发展。GPR 的工作原理是通过向地下发送脉冲电磁波，获取具有高介电常数的地层或物体的反射波。借助这项技术，在有利的条件下，GPR 可以在某些土壤中渗透至 30 m。其典型的工作频率范围是 50～1 200 MHz，特殊情况下，该范围可低至 10 MHz，也可高至 2 000 MHz。在确定地下水位时，可使用更高的频率获得更大的深度，确定土壤湿度时一般使用较低的频率以减小表面粗糙度的影响。两个天线可以测量双向传播时间，通常 GPR 使用的计时单位为 ns，主要是因为大多数土壤的介电常数较低，传播波速很高。

含水量较高的土壤常常使确定地下水位变得非常困难，这是因为湿润的土壤中信号衰减得更快。表 6.1 提供了各类别物质的衰减率。在黏土含量高的地区，毛细带中水分含量的增加会影响地下水平面的反射，因为信号衰减更快。雷达接收到的信号特征更加分散、弱化，使得地下水位难以辨别（Doolittle et al.，2006）。如果在已知深度进行雷达校准，这种情况可以避免。当土壤主要由砂子或砾石组成时，从渗透带到地下水平面的过渡更加突然，能为 GPR 提供更清晰的图像。表 6.1 显示了使用特定 GPR 测试不同材料时的介电常数、电导率、典型速度和衰减率。

表 6.1 土壤中各种物质的雷达特性

物质	介电常数	电导率/（mS/m）	典型速度/（m/ns）	衰减率/（dB/m）
空气	1	0	0.3	0
蒸馏水	80	0.01	0.033	0.002
淡水	80	0.5	0.033	0.1
海水	80	30 000	0.01	1 000
干砂	3～5	0.01	0.15	0.01
饱和砂	20～30	0.1～1.0	0.1～1.0	0.03～0.3
石灰岩	4～8	0.5～2	0.12	0.4～1.0
页岩	5～15	1～1 000	0.09	1～100
淤泥	5～30	1～1 000	0.07	1～100
黏土	5～40	2～1 000	0.06	1～300
花岗岩	4～6	0.01～1	0.13	0.01～1
干盐	5～6	0.01～1	0.13	0.01～1
冰	3～4	0.01	0.16	0.01

注：该表改编自 Fisher 等（1992）。

在粗粒土中，非饱和区和饱和区之间的边界非常陡峭，GPR 的使用效果最好。由于砂砾石具有极低的磁特性和电导率，与具有阳离子交换能力的黏土颗粒不同，土壤颗粒通常不会保留太多的水。在粗粒土中，从渗透带到地下水平面的过渡十分快速，所以 GPR 接收的反射信号更加清晰，GPR 估算深度的精度甚至能达到 20 cm（0.79 in）。

在黏土中，由于含水量和电导率高，GPR 信号衰减得更快。黏土独特的阳离子交换能力和较大的表面积意味着黏土颗粒比其他类型的土壤更容易吸收并容纳更多的水。信号由被附着在黏土颗粒上的水进行反射，难以到达地下水位所在的较低层。即使信号可能在诸如砂子和砾石之类的粗粒土壤中到达地表以下 30 m 处，但在黏土中通常只能下降几米。对于黏土含量超过 30%的土壤，GPR 相对无效，GPR 在黏土含量少于 10%的土壤中效果最好（Elkhetali，2006）。

GPR 分为单偏移、多偏移、跨孔和离地这四种主要类型。单偏移、多偏移及跨孔 GPR 的结构原理类似于间隔距离已知的发射天线和接收天线（图 6.5）。而离地 GPR 是一种较新型的 GPR，它将天线合并为一个单元，该单元可以安装在行驶于测试区域内的全地形车（all-terrain vehicle，ATV）或普通车辆上。多偏移 GPR 具有一个发射天线和多个接收天线，可以采集更大区域内的数据。多偏移 GPR 两种常见的采集几何形状是共中点及广角反射和折射（图 6.6）。共中点的采集方式是将发射器保持在一个公共位置，同

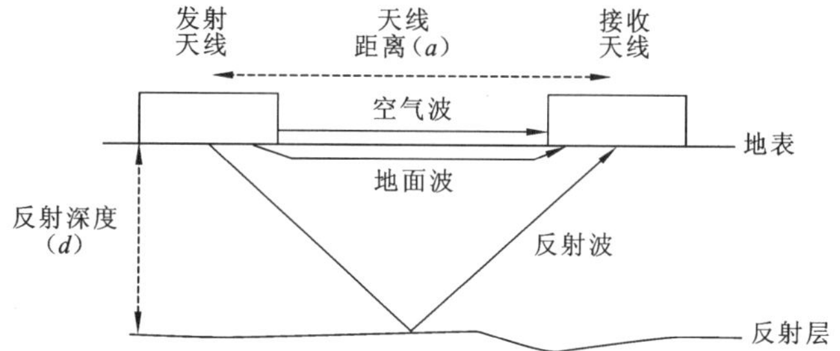

图 6.5　用于探测地下水位深度的单偏移 GPR 示意图[来自 Lunt 等（2005）]

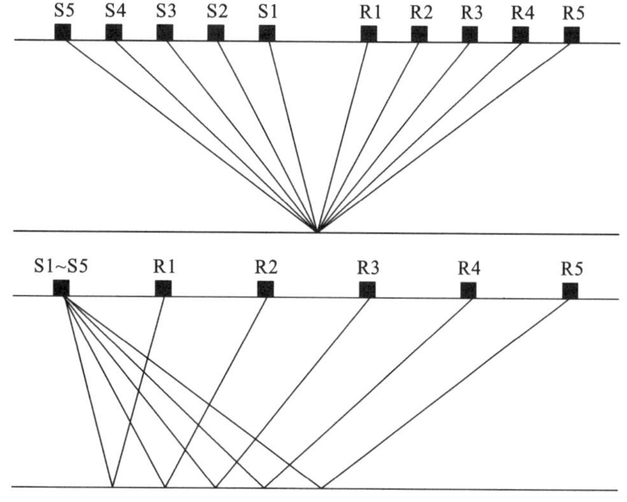

图 6.6　常见的共中点、广角反射和折射 GPR 的示意图

共中点在图中顶部，广角反射和折射在图中底部，S 表示发射器的位置，R 表示接收器的位置[改编自 Huisman 等（2003）]

时逐渐增加天线之间的距离。广角反射和折射的采集方式是逐渐增加天线之间的距离，包括移动发射器。在许多应用中，使用多偏移 GPR 时需要来自单偏移 GPR 的结果，但是此过程既费时又昂贵。总体上，单偏移和多偏移 GPR 非常适合确定地下水位深度和探测土壤湿度。

当使用跨孔 GPR 时，天线降低到两个垂直孔中。在零偏移廓线（zero-offset profile，ZOP）方法中，将两个天线降低，使它们的中点处于相同的深度。根据多偏移廓线（multi-offset profile，MOP）降低天线，使两个天线中点的深度不同，从而使发送器和接收器并非始终保持一致。图 6.7 为 ZOP 和 MOP 跨孔 GPR 的示意图。GPR 在孔中垂直测量数据，这意味着跨孔 GPR 可以从各层中收集数据，从而使每层有独立的介电常数，而不是像偏移 GPR 那样，只能为所采集的所有层都赋予同一个相对介电常数。跨孔 GPR 的缺点是 GPR 只能插入特定位置，而偏移 GPR 的覆盖面积更大。

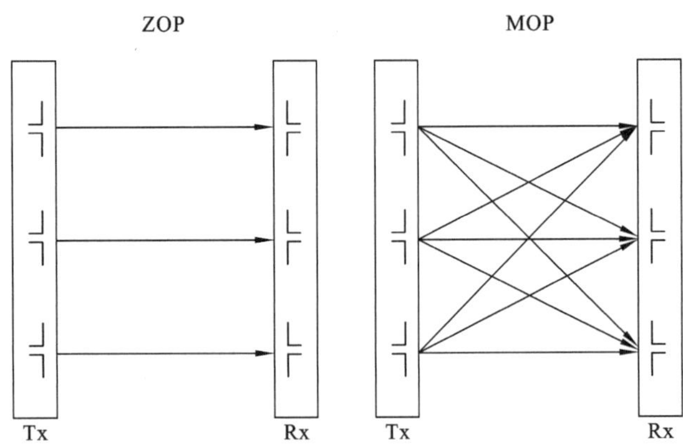

图 6.7　ZOP 和 MOP 跨孔 GPR 示意图

ZOP 在图中左侧，MOP 在图中右侧，该图显示了从发射器（Tx）到接收器（Rx）的方向[改编自 Huisman 等（2003）]

使用波速和双向传播时间确定地下水位的最简单的公式是

$$d_{\mathrm{w}} = \frac{v t_{\mathrm{w}}}{2} \tag{6.4}$$

式中：d_{w} 为到地下水位的深度，m；v 为雷达信号的速度，m/s；t_{w} 为双向传播时间，s。双向传播时间指波束从发射天线到达接收天线所花费的时间。虽然式（6.4）非常简单，但在计算波速时最为常用。适用于所有土壤类型的一般速度公式由相对介电常数和土壤的磁特性共同决定：

$$v = \frac{c}{\sqrt{\varepsilon_{\mathrm{r}} \mu_{\mathrm{r}} \frac{1+\sqrt{1+\left(\frac{\sigma}{\omega \varepsilon_0{}^{①}}\right)^2}}{2}}} \tag{6.5}$$

式中：c 为真空中的电磁波速度，$c=3\times10^8$ m/s；ε_{r} 为材料的相对介电常数；ε_0 为真空介

① 译者注：原著为 ε，此处更正为 ε_0。

电常数，$\varepsilon_0=8.854\times10^{-12}$ F/m；μ_r为相对磁导率；σ为电导率；ω为雷达角频率。$\dfrac{\sigma}{\omega\varepsilon_0}$为损耗系数，在纯净的砂砾石等土壤中损耗系数约为 0。非磁性物质（如纯净的砂砾石）的$\mu_r=1$。因此，在纯净的砂砾石中，速度公式可以简化为

$$v=\frac{c}{\sqrt{\varepsilon_r}} \tag{6.6}$$

对于单偏移 GPR，如果已知地下水位或反射层的深度，则可以估算近似速度：

$$v=\frac{2\sqrt{x^2+d^2}}{t_w} \tag{6.7}$$

式中：x为相对于反射层的位置；d为反射层的深度；t_w为双向传播时间。

如果两个天线之间的距离较大，则应将其合并到速度公式中：

$$v=\frac{\sqrt{(x-0.5a)^2+d^2}+\sqrt{(x+0.5a)^2+d^2}}{t_w} \tag{6.8}$$

式中：a为天线之间的距离。如果速度已知，则可对式（6.6）进行求逆，以求出有效的介电常数：

$$\varepsilon=\left(\frac{c}{v}\right)^2 \tag{6.9}$$

如要确定体积含水量，式（6.9）可转化为

$$\varepsilon=[(1-\eta)\sqrt{\varepsilon_s}+(\eta-\mathrm{VWC})\sqrt{\varepsilon_a}+\mathrm{VWC}\sqrt{\varepsilon_w}]^2 \tag{6.10}$$

式中：ε为有效介电常数；η为土壤孔隙率；VWC 为自由土壤含水量；ε_s为土壤的介电常数；ε_a为空气的介电常数，$\varepsilon_a\approx1$；ε_w为水的介电常数，$\varepsilon_w\approx80$。

进行求逆时，体积含水量的计算公式为

$$\mathrm{VWC}=\frac{(1-\eta)\sqrt{\varepsilon_s}+\eta\sqrt{\varepsilon_a}-\sqrt{\varepsilon}}{\sqrt{\varepsilon_a}-\sqrt{\varepsilon_w}} \tag{6.11}$$

如需确定重量含水量（GWC），则可以使用土壤容重转换为

$$\mathrm{GWC}=\frac{\mathrm{VWC}}{\rho_d} \tag{6.12}$$

式中：ρ_d为土壤的容重。

6.4　讨　论①

水文循环描述流域或全球范围内水的分布，观测水文循环的各个组成部分对于管理地球的淡水资源和监测气候变化至关重要。在偏远地区，通常很难进行现场测量，并且始终存在以点带面的限制。雷达遥感技术可以在全球范围内以空前的时空分辨率测量水

① 译者注：原著 6.4 节标题为“6.4 Subsurface Water”，根据该节内容更正为“6.4 讨论”。

文循环中水的状态和通量。脉冲多普勒雷达可以测量地表水的表面流速，在超高频下运行时，也可以测量河段和河道的横断面。使用非接触方法能将这些信息组合，以估测河流的流量。星载雷达（如 SWOT 任务中的 KaRIN）可用于测量内陆水体和海洋的地表水水位，精度可达 1 cm。卫星上的 SAR 能探测地表水的空间范围，并能用于观测河流洪水和风暴潮导致的淹没情况。C 波段、L 波段和 P 波段雷达能从太空测量地球上 0～5 cm 的地表土壤湿度，甚至是根区土壤湿度。最后，GPR 可以探测地下水，虽然它最适合用在黏土含量低的土壤中，但也可用在更深层土壤的湿度反演上，还可以用于确定地下水埋深。

这些新的遥感技术将在未来几十年提供独特的观测结果，这些观测结果将重塑用于描述地球系统中水的复杂运动和储量的理论及数学公式。最终，以上提到的概念和观测手段都将被应用在预测水文循环的模型中，持续地推动水文实践的改进与革新。

问 题 集

定性问题

1. 雷达如何帮助水平衡公式中变量的估测？它们如何影响水平衡公式中各物理量的测量？

2. SMAP 任务能提供哪些先前任务中无法获得的信息？

3. 使用 ASCAT 和 SMAP 任务仅能探测土壤表层几厘米的湿度，但为何仍被认为具有重大意义？

4. 在何种情况下优先使用偏移 GPR 而不是跨孔 GPR？何种情况下相反？

5. 美国的大部分土壤都是黏性土，GPR 在美国有什么用途？

6. 不同的物质如何影响 GPR 的结果？也请分析在比较相似物质时 GPR 的结果。讨论如何使用 GPR 探测物质的相似性，即哪些特性决定了相似性？将表 6.1 作为参考。

定量问题

1.（a）如果土壤的相对介电常数为 6，那么电磁波速是多少？（b）如果传播时间为 39.8 ns，地下水位有多深？

2.（a）如果土壤的介电常数为 8，有效孔隙度为 0.15，体积含水量为 0.5，那么有效介电常数是多少？（b）如果土壤的相对密度为 2.7，则按重量计算的含水量是多少？

参 考 文 献

Bolten, J. D., V. Lakshmi, and E. Njoku. 2003. Soil moisture retrieval using the passive/active. *IEEE Transactions on Geoscience and Remote Sensing* 41(12): 2792-2812.

Brocca, L., S. Hasenauer, T. Lacava, F. Melone, T. Moramarco, W. Wagner, W. A. Dorigo, P. Matgen, J. Martínez-Fernández, P. Llorens, J. Latron, C. Martín, and M. Bittelli. 2011. Soil moisture estimation through ASCAT and AMSR-E sensors: An intercomparison and validation study across Europe. *Remote Sensing of*

Environment 115: 3390-3408.

Colliander, A., S. Chan, S. B. Kim, N. Das, S. Yueh, M. Cosh, R. Bindlish, T. J. Jackson, and E. G. Njoku. 2012. Long term analysis of PALS soil moisture campaign measurements for global soil. *Remote Sensing of Environment* 121: 309-322.

Costa, J. E., R. T. Cheng, F. P. Haeni, N. Melcher, K. R. Spicer, E. Hayes, W. Plant,K. Hayes, C. Teague, and D. Barrick. 2006. Use of radars to monitor stream discharge by noncontact methods. *Water Resources Research* 42: W07422.

Creutin, J. D., M. Muste, A. A. Bradley, S. C. Kim, and A. Kruger. 2003. River gauging using PIV techniques: A proof of concept experiment on the Iowa River. *Journal of Hydrology* 277(3-4): 182-194.

Di Baldassarre, G., G. Schumann, and P. D. Bates. 2009. A technique for the calibration of hydraulic models using uncertain satellite observations of flood extent, *Journal of Hydrology* 367: 276.

Doolittle, J. A., B. Jenksinson, D. Hopkins, M. Ulmer, and W. Tuttle. 2006. Hydropedological investigations with ground-penetrating radar (GPR): Estimating water-table depths and local ground-water flow pattern in areas of coarse- textured soils. *Geoderma* 131(3-4): 317-329.

Elkhetali, S. 2006. Detection of groundwater by ground penetrating radar. *Progress in Electromagentics Research Symposium (PIERS)*, pp. 251-255. Cambridge.

Entekhabi, D., E. G. Njoku, P. E. O'neill, K. H. Kellogg, W. T. Crow, W. N. Edelstein, J. K. Entin, S. D. Goodman, T. J. Jackson, J. T. Johnson, J. S. Kimball, J. R. Piepmeier, R. D. Koster, N. Martin, K. McDonald, M. Moghaddam, M. S. Moran, R. H. Reichle, J. Shi, M. W. Spencer, S. W. Thurman, L. Tsang, and J. J. Zyl. 2010. The soil moisture active passive (SMAP) mission. *Proceedings of the IEEE* 98(5): 704-716.

Fisher, E., G. A. McMechan, and A. P. Annan. 1992. Acquisition and processing of wide-aperature ground-penetrating radar data. *Geophysics* 57(3): 495-504.

Hong, Y., S. I. Khan, C. Liu, and Y. Zhang. 2012. Global soil moisture estimation using microwave remote sensing. In *Multiscale Hydrologic Remote Sensing: Perspectives and Application*, Ni-Bin Chang and Yang Hong, Eds. CRC Press, 399-410.

Huisman, J. A., S. S. Hubbard, J. D. Redman, and A. P. Annan. 2003. Measuring soil water content with ground penetrating radar: A review. *Vadose Zone* 2: 476-491.

Lunt, J. A., S. S. Hubbard, and Y. Rubin. 2005. Soil moisture content estimation using ground-penetrating radar reflection data. *Journal of Hydrology* 307: 254-369.

Mason, D. C., P. D. Bates, and J. T. Dall'Amico. 2009. Calibration of uncertain flood inundation models using remotely sensed water levels. *Journal of Hydrology* 368: 224-236.

Matgen, P., G. Schumann, J. B. Henry, L. Hoffmann, and L. Pfister. 2007. Integration of SAR-derived inundation areas, high precision topographic data and a river flow model toward real-time flood management. *International Journal of Applied Earth Observation and Geoinformation* 9: 247-263.

Schumann, G. J. P., J. C. Neal, D. C. Mason, and P. D. Bates. 2011. The accuracy of sequential aerial photography and SAR data for observing urban flood dynamics, a case study of the UK summer 2007 floods. *Remote Sensing of Environment* 115(10): 2536-2546.

Simpson, M. R., and R. N. Oltmann. 1993. Discharge measurement using an acoustic Doppler current profiler: U. S. Geological Survey Water-Supply Paper 2395, 34 pp.

Stephens, E. M., P. D. Bates, J. E. Freer, and D. C. Mason. 2011. The impact of uncertainty in satellite data on the assessment of flood inundation models. *Journal of Hydrology* 414-415: 162-173.

Tralli, D. M., R. G. Blom, V. Zlotnicki, A. Donnellan, and D. L. Evans. 2005. Satellite remote sensing of earthquake, volcano, flood, landslide and coastal inundation hazards. *ISPRS Journal of Photogrammetry and Remote Sensing* 59: 185-198.

Wagner, W., G. Lemoine, and H. Rott. 1999. A method for estimating soil moisture from ERS scatterometer and soil data. *Remote Sensing of Environment* 70: 191-207.①

Yorke, T. H., and K. A. Oberg. 2002. Measuring river velocity and discharge with acoustic Doppler profilers. *Flow Measurement and Instrumentation* 13: 191-195.

Yuen, K. 2012. *SMAP: Soil Moisture Active Passive*. Retrieved October 2012 from NASA Jet Propulsion Laboratory: http://smap. jpl. nasa. gov/.

① 译者注：原著中此参考文献缺失。

第 7 章

雷达定量降水估测的水文模型应用

雷达数据最普遍的用途之一就是进行水文模拟。当进行水文模型应用时，雷达降水估测的时空分辨率足以预测山洪暴发。此外，雷达技术也能估测地表特征，可用于模型参数和状态变量的确定。雷达甚至可以测量河川径流，而这是水文模型的主要输出结果，因此也可用于评估水文模型的预报精度。本章将详细介绍基础水文模拟知识，重点说明如何极大程度地利用雷达观测数据进行水文模型应用。本章还将介绍使用模型对降水输入进行水文评估的技术，所提供的评估框架是以模型的水文输出而不是以传统的雷达降水与雨量站对比的方式来识别最佳降水估测方法的，在实践中以上两种方法可同时使用。

7.1 水文模型概述

7.1.1 模型类型

水文模型可采用多种配置来模拟水平衡。本节将围绕一般水文模型的特征及一些具体示例进行介绍。图 7.1 显示的是水文模型的基本结构。水文模型具备的首要特征是模型结构方程中所包含的模型结构 f。经过简化的模型由参数化流程组成，并且需要系统行为观测值[$O(x,t)$]来估测模型参数[$W(x)$]，而该值可能不具有物理意义。对于土壤水储量和通量，可将简单模型中采用的概念比作水桶，该水桶具有给定的蓄水容量。当从上方输入的雨量超过此容量时，水桶就会"溢出"，并产生地面水流。显然，对水文循环进行模拟所采用的方法比这复杂得多，但对于无法承担高额计算机运算费用的水文应用，如测试复杂数据同化的效果及可能需要数千甚至数百万次迭代模拟的参数估测等，简单的概念模型更为适合。当最小化目标函数时，可能无法像对状态变量和参数的估计那样以高分辨率运行高度复杂的水文模型。简单的概念模型更适合在较大的空间范围内运行，模拟的时间尺度往往需要达到数年甚至数十年。此外，概念模型对流域土壤组分、植被等特征（其中有些数据可能无法获取）的输入要求较低，因此在模型中采用参数化表达，而非显式表示。

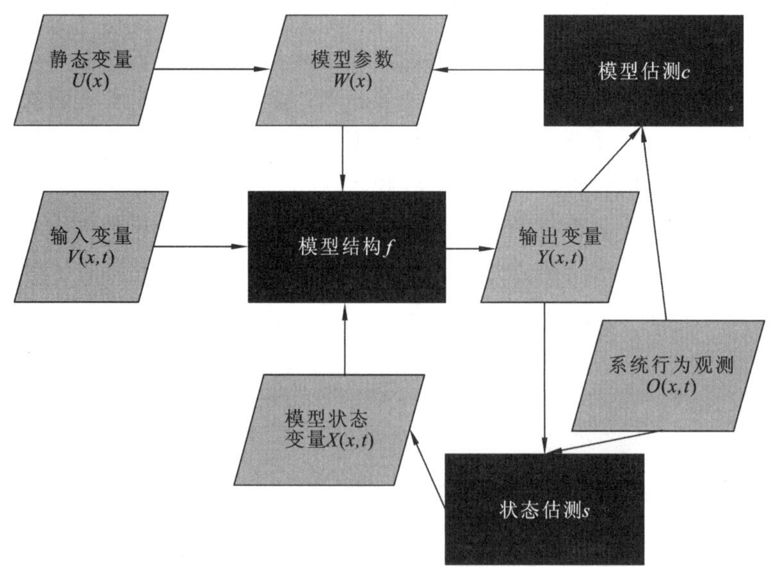

图 7.1 水文模型的基本结构

灰色框表示静态和动态变量，黑色框表示函数关系（方程）

与概念模型相比，复杂水文模型（通常称为物理模型）使用的变量更多，需要用到更多的函数关系（方程）来建立变量之间的相互联系。值得注意的是，概念模型和物理模型之间不存在绝对意义上的区别，所有模型都进行了一定程度的概念化处理。即使使用基于未经任何参数化物理原理的具有显式三维方程的模型，在求解该模型的方程时也必定会出现近似数值。因此，从概念模型到物理模型转变的本质在于物理模型的方程和参数中能产生连续的实际物理值。这两类模型在性能、数据要求、时空分辨率和结果输出方面都各有优缺点。复杂的物理模型计算量更大，但它能在无历史观测资料（即流量）的地区提供流量输出，将在第 8 章更详细地讨论该问题。

水文模型的第二大特征是输入、方程、参数和输出的离散化程度。经过简化的概念模型需要输入、输出变量（如降水、温度和河川径流）的实测数据来估计模型参数，因此只能用于有观测资料的水文站点（或流域出口）。空间离散化处理的一个极端是对所有水文过程统一进行全流域处理，即集总式水文模型。一般地，集总式水文模型使用一个单一的降水输入值，即流域平均降水量。在最初的预测业务系统中，就设计并采用了该类模型。如果描述水循环的历史实测数据集准确而完整，集总式水文模型可以非常准确地预测河川径流，但其采用的参数值不能用于流域中的小型子流域，也不能直接移至相邻流域。此外，这些模型在预测其训练数据集之外的事件（如极端洪水事件）时也会遇到困难，因为模型假定了在相同的降水输入和土壤湿度条件下，输出的预测结果会接近对过去事件的模拟输出结果。通常这个假设是成立的，但如果流域受到城市化、气候变化等人为因素的刻意或非刻意影响，该假设可能会不成立。

完全分布式或基于格网的分布式水文模型解决了每个格网点的水量平衡问题，这些模型通常基于概念性集总式水文模型的径流模拟发展而来，通常使用圣维南方程组（Saint Venant equations）对坡面和河道流量进行模拟，同时使用理查德公式（Richard′s equation）和达西定律（Darcy′s law）分别计算非饱和土壤水与饱和土壤水通量。在描述流域的格网单元上以有限差分或有限元的方式对这些公式进行求解，并使用数字高程模型（digital elevation model，DEM）信息对格网单元建立起水文联系。由于在分布式水文模型中，仅有极个别格网点存在河川径流观测资料，所以进行水文模拟前，必须先建立模型参数与土地特征（如土壤类型、土壤深度和地物覆盖类型）之间的关系，Koren 等（2000）提供了使用土壤物理属性估计分布式概念水文模型参数的示例。此外，也可将流域细分为几个较小的流域，对这些流域独立进行水文模拟并将其输出的径流等水文变量作为下游流域水文模拟的输入，这种方法对应的水文模型称为半分布式水文模型。Wang 等（2011）详细描述了耦合汇流与蓄满产流（coupled routing and excess storage，CREST）水文模型的结构，参见图 7.2。无论是位于植被冠层表面上方的隔层，还是三个土壤层中的某个隔层，均代表一个蓄水层（也常用水库进行表示），连接每个水库的箭头表示水的通量，菱形表示通常由阈值决定的分区。如果跟随一个雨滴 P，我们会看到它首先被植被冠层拦截，并且其中的一些水分通过植物冠层的蒸散发 E_c 蒸散返回到大气中，进入土壤层的降水 P_{soil} 可能会立即转化为地表径流 R，具体取决于变量渗透曲线（variable infiltration curve，VIC）（也称为张力水容量曲线）的特性。VIC 最初是由新安江模型（Zhao，1992；Zhao et al.，1980）建立的，随后在华盛顿大学（University of Washington）研发的 VIC 模型（Liang et al.，1996）中得以进一步使用。描述变量渗透的曲线可通过如下公式表示：

$$i = i_{\mathrm{m}}\left[1-\left(1-\frac{W}{W_{\mathrm{m}}}\right)^{\frac{1}{1+b}}\right] \tag{7.1}$$

式中：i 为在某一位置点的土壤渗透能力；i_{m} 为该计算单元内土壤最大下渗能力；b 为曲线指数；W 为土壤蓄水容量，mm。i_{m} 可以通过三个土壤层的最大蓄水容量（W_{m}）的函数关系式表示：

$$i_{\mathrm{m}}=W_{\mathrm{m}}(1+b) \tag{7.2}$$

$$W_{\mathrm{m}}=W_{\mathrm{m1}}+W_{\mathrm{m2}}+W_{\mathrm{m3}} \tag{7.3}$$

$$W=W_1+W_2+W_3 \tag{7.4}$$

其中，W_{m1}、W_{m2}、W_{m3} 分别为第 1 个、第 2 个和第 3 个土壤层的最大蓄水容量，mm；W_1、W_2 和 W_3 是计算单元的每层平均土壤水深，mm。下渗量（I）计算如下：

$$\begin{cases} I=(W_{\mathrm{m}}-W), & i+P_{\mathrm{soil}}\geqslant i_{\mathrm{m}} \\ I=(W_{\mathrm{m}}-W)+W_{\mathrm{m}}\left(1-\dfrac{i+P_{\mathrm{soil}}}{i_{\mathrm{m}}}\right)^{1+b}, & i+P_{\mathrm{soil}}<i_{\mathrm{m}} \end{cases} \tag{7.5}$$

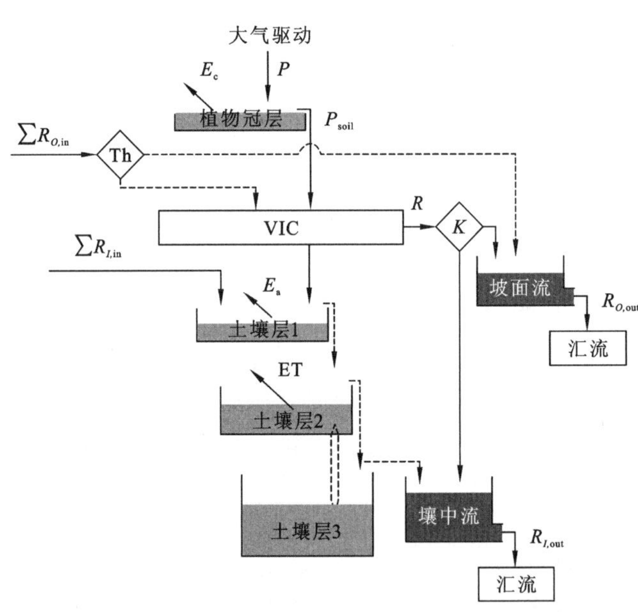

图 7.2　CREST 水文模型的结构（Wang et al.，2011）

P 为雨滴；P_{soil} 为到达土壤的降水；E_{c} 为植物冠层的蒸散发；K 为下渗速率，近似于水力传导度；R 为地表径流；E_{a} 为土壤层的蒸发；Th 为一个阈值，用于区别河道和非河道；VIC 为变量渗透曲线；$R_{O,\mathrm{in}}$ 为流入该计算单元的坡面径流；$R_{O,\mathrm{out}}$ 为流出该计算单元的坡面径流；$R_{I,\mathrm{in}}$ 为流入该计算单元的壤中流；$R_{I,\mathrm{out}}$ 为流出该计算单元的壤中流

在下渗过程中，土壤蓄水层从上到下依次被填充，当无法将更多的降水转化为下渗量 I 时，就会产生地表径流。这一现象可能由以下两种原因共同导致：一是降水强度 P_{soil} 过高，远远超过土壤渗透能力；二是前期降水导致土壤已经饱和，从而无法存蓄更多的水。这两种地表径流的产生通常分别被称为超渗产流和蓄满产流。应当指出的是，CREST

水文模型使已经被指定为来自上游格网单元的坡面径流 R_O 的水重新进入土壤，其可能成为下渗的土壤水，这是对径流损耗而不是径流形成过程的近似模拟。

生成的地表径流 R 根据土壤饱和水力传导度（K_s）进一步分为坡面径流 R_O 和壤中流 R_I。对降水事件响应的速度可用于区分这些河道径流，首先形成快速响应的径流，然后才是响应缓慢的径流或基流。请注意，R_I 进入下游格网单元中的土壤层，可以起到填充土壤层的作用，从而使更多土壤发生饱和，随后汇入地表径流。水流的连通性、速度和方向等由 DEM 决定，而 DEM 可使用地理信息系统（geographic information systems，GIS）进行处理。因此，为确保 DEM 适用于水文模型，必须对 DEM 及其衍生物进行后处理，以确保沿下游方向的地表高程值中没有相对的最小值。而这些低洼地被称为汇水区，会导致水体停滞而不是继续向下游流动。因此，在处理 DEM 的数据时，必须进行“填汇”这一后处理步骤，以增加汇水区的高程值，保证水流能继续向下游流动。此外，通过在已知河道位置处人为地去除高程值，可以将河道强制绘制在 DEM 中，此过程称为河道刻录。

如图 7.2 所示，必须对 CREST 水文模型中每层的蓄水容量及它们之间的通量进行参数化处理。由于 CREST 水文模型是一个分布式参数模型，参数值因单元而异。星载遥感技术的出现提供了大量有关地球水文特性的信息，因此与其依赖降水和径流的观测值，不如通过对模型参数与可测量的地表物理特性建立关联来进行参数估计。

通常，数据集（如土壤类型和土地覆盖）在全球范围被格网化处理后可适用于分布式水文模型，但水文模型参数与遥感观测变量之间的关系可以是间接的，也可以是近似的。此外，模型中的某些参数可能与物理过程几乎没有关联，或者很难被测量。尽管如此，CREST 水文模型及许多其他类似的模型都带有格网化参数的先验数据库，这使得模型可以在未经率定的情况下运行，即无须花费很长的参数估计时间，就可以得出较为合理的结果。但正如我们将在 7.1.2 小节中讨论的那样，描述水文过程系统行为的观测结果可以通过模型参数估计来改善模型的模拟效果。

7.1.2　模型参数

无论是概念模型还是物理模型，都具有各种用于控制和调整水在模型内部传播方式的模型参数值[$W(x)$]。参数可能包括：在土壤饱和条件下的入渗水量、用于控制水在河道中流动速度的表面粗糙度、河道面积与河道流量之间的关系。为了提供最佳的模型输出，通常会在优化过程中对参数进行率定，该优化过程旨在通过探索可用的参数取值空间，极大程度地减小模型模拟值与观测值之间的误差。将输出变量[$Y(x,t)$]与系统行为观测值[$O(x,t)$]进行比较（图 7.1 中用流程 c 表示该过程），如果两者不符，则调整参数值 $W(x)$，并使用相同的输入变量 $V(x,t)$重新运行模型。该流程需要持续到在特定的客观评判标准下模拟值与观测值匹配为止。由于模型参数交互、多维参数空间中存在局部（而非全局）最优值及某些参数仅在特定条件下具有敏感性等，该流程往往十分复杂。通常，模型参数估计值只能在线下使用，并针对特定的模型、观测数据集和流域。按照该率定程序得到一组固定的模型参数后，就可以在预测模式下使用该模型。建议在验证阶段使用独立的数据集来评估模型的模拟效果。通常情况下，模型参数率定可以手动或自动完成。手动率定是一种实用的学习训练方法，可用于了解模型参数对水文模拟的各种控制效果，便于更好地理解参数之间的相互作用。而自动率定在应用中的效果和实用性通常更好，缓慢复杂进化（shuffled complex evolution，SCE）法（Duan et al.，1993）和差分进化自适应 Metropolis（differential evolution adaptive Metropolis，DREAM）抽样算法（Vrugt et al.，2009）是用于参数估计的两种常见自动优化方法。设计这些方法是为了通过多链蒙特卡罗采样（multichain Monte Carlo sampling）来探索多维参数空间。由于优化过程中存在对观测数据集甚至是模型公式中误差的补偿效应，这些参数的精确值通常存在很大的不确定性，所以最优参数通常取决于在率定过程中加入的观测数据集的质量。如果观测值或模型公式发生变化，则需要更新参数值。显然，此流程无法适应不断发展的新遥感技术和算法。

7.1.3 模型状态变量与数据同化

模型状态变量[$X(x,t)$]通常由土壤水、近地表水和地下水及河道中的水组成。状态变量对于评估水文模型的性能非常重要，径流通常由一组状态变量直接或间接地描述，但目前对水文模型状态变量的估测正面临着一些挑战。一种方法是在相当长的一段时间（通常为数月）内用观测到的降水量和温度强制驱动水文模型，从而“预热”（“warm up”）与土壤和河流相关的状态变量，持续进行该操作直至预报开始的时间。该方法的原理是，在足够长的时间段使模型达到状态变量趋于真实的平衡状态。这一点非常重要，特别是在处理雷达降水估测时，因为随着新算法的提出，还涉及对降水量的再分析以提供连续、长期且一致的降水记录来进行水文模型的“预热”。

正如我们在第 6 章中描述的那样，雷达遥感方法能提供对土壤状态和地表水及地下水的观测数据。图 7.1 中的流程 s 表示另一种状态变量估测策略，该策略的主要思路是将与土壤和河流状态有关的观测结果纳入水文模型数据的同化框架中，其基本理念是基于观测值对模型状态变量进行调整，从而提高模型的物理真实性，并提升模型对变量（即流量）预测的准确性。下面我们将重点介绍对模型状态变量进行更新的技术，对应的术语为数据同化。该术语也可以用于描述修匀和过滤等方法。本章将要介绍用于状态更新的常见算法，即卡尔曼滤波（Kalman filters，KF）（Kalman，1960），变分法及基于集合的技术。

KF 是基于最小方差或最小二乘法框架的顺序滤波方法。KF 的基本假设是误差服从正态分布并呈线性增长（Hamill，2006），且模型估测值和观测值的误差的期望值均无偏差且不相关。

该方法包含两个步骤：预测步骤和同化步骤。在预测步骤中，使用先验信息运行模型，生成预测值及其误差的协方差：

$$\boldsymbol{x}_i^b = \boldsymbol{M}_{i-1}\boldsymbol{x}_{i-1}^a \tag{7.6}$$

$$\boldsymbol{P}_i^b = \boldsymbol{M}_{i-1}\boldsymbol{P}_{i-1}^a(\boldsymbol{M}_{i-1})^{\mathrm{T}} + \boldsymbol{Q}_{i-1} \tag{7.7}$$

式中：$\boldsymbol{x}_i^b$ 为状态背景预测值或初始估测值；在分析数据 $\boldsymbol{x}_{i-1}^a$ 已知的情况下，$\boldsymbol{M}_{i-1}$ 表示从

时间步长 i-1 到 i 的线性模型；$\boldsymbol{P}_i^b$ 为背景误差的协方差；$\boldsymbol{P}_{i-1}^a$ 为前一时间分析误差的协方差；$\boldsymbol{Q}_{i-1}$ 为模型误差。在同化步骤中，通过将观测值及其误差信息同化到状态背景预测值中，来获得最佳估测（或分析）及其误差的协方差：

$$\boldsymbol{x}_i^a = \boldsymbol{x}_i^b + \boldsymbol{K}_i(\boldsymbol{y}_i - \boldsymbol{H}_i\boldsymbol{x}_i^b) \tag{7.8}$$

$$\boldsymbol{K}_i = \boldsymbol{P}_i^b\boldsymbol{H}_i^{\mathrm{T}}(\boldsymbol{H}_i\boldsymbol{P}_i^b\boldsymbol{H}_i^{\mathrm{T}} + \boldsymbol{R}_i)^{-1} \tag{7.9}$$

$$\boldsymbol{P}_i^a = (\boldsymbol{I} - \boldsymbol{K}_i\boldsymbol{H}_i)\boldsymbol{P}_i^b \tag{7.10}$$

式中：$\boldsymbol{x}_i^a$ 为在第 i 时间对应误差协方差 $\boldsymbol{P}_i^a$ 的分析值；$\boldsymbol{I}$ 为单位矩阵；$\boldsymbol{K}_i$ 为新引入的 $\boldsymbol{y}_i - \boldsymbol{H}_i\boldsymbol{x}_i^b$ 项的权重矩阵，该项被称为卡尔曼增益。在 $\boldsymbol{y}_i - \boldsymbol{H}_i\boldsymbol{x}_i^b$ 中 $\boldsymbol{H}_i$ 是将状态变量转换为观测空间的线性算子，$\boldsymbol{y}_i$ 是对应误差协方差 $\boldsymbol{R}_i$ 的观测值。

扩展卡尔曼滤波（extended Kalman filter，EKF）（Jazwinski，1970）用于非线性模型，上述 KF 公式同样适用，但进行了以下修改：①式（7.6）中的 $\boldsymbol{M}_{i-1}$ 项非线性，而式（7.7）中的相同项指的是模型的线性化版本；②观测算子 $\boldsymbol{H}_i$ 对于式（7.8）是线性的，但对于式（7.9）和式（7.10）是非线性的。之后，KF 进一步发展成了集合卡尔曼滤波（ensemble Kalman filter，EnKF）（Evensen，1994），可解决非线性问题。

变分法是基于最大似然或贝叶斯框架的技术，其中状态的估测用于实现以下形式的成本函数的最小化：

$$\boldsymbol{J}_i(\boldsymbol{x}_i) = \frac{1}{2}\{[\boldsymbol{y}_i - \boldsymbol{H}_i(\boldsymbol{x}_i)^{\mathrm{T}}]\boldsymbol{R}_i^{-1}[\boldsymbol{y}_i - \boldsymbol{H}_i(\boldsymbol{x}_i)] + (\boldsymbol{x}_i^b - \boldsymbol{x}_i)^{\mathrm{T}}(\boldsymbol{P}_i^b)^{-1}(\boldsymbol{x}_i^b - \boldsymbol{x}_i)\} \tag{7.11}$$

其中，当 $\boldsymbol{x}_i = \boldsymbol{x}_i^a$ 时，$\boldsymbol{J}_i$ 最小，$\boldsymbol{x}_i^a$ 是通过迭代过程得到的。

第 1 步：设置初始估测值 $\boldsymbol{x}_i = \boldsymbol{x}_i^b$，计算成本函数 $\boldsymbol{J}_i$。

第 2 步：计算相对于 $\boldsymbol{x}_i$ 的 $\boldsymbol{J}_i$ 的梯度 $\boldsymbol{J}_{x_i,i}$。

第 3 步：使用共轭梯度法等优化算法及分别在步骤 1 和步骤 2 中计算得到的 $\boldsymbol{J}_i$ 和 $\boldsymbol{J}_{x_i,i}$，确定 $\boldsymbol{x}_i$ 的校正量 $\boldsymbol{x}_i^{\mathrm{new}}$。

第 4 步：通过计算梯度 $\boldsymbol{J}_{x_i^{\mathrm{new}},i}$ 的范数来检查是否收敛。如果已经达到收敛，则相对于校正后的 $\boldsymbol{x}_i$（即 $\boldsymbol{x}_i^{\mathrm{new}}$）的 $\boldsymbol{J}_i$ 的梯度范数必须约为零；如果尚未达到收敛，则以 $\boldsymbol{x}_i^{\mathrm{new}}$ 为 $\boldsymbol{x}_i$ 值重复以上步骤。

上述流程就是三维变分（three-dimensional variational，3DVAR）方法。图 7.3 给出了在双变量问题中 3DVAR 方法迭代过程的应用示例。

四维变分（four-dimensional variational，4DVAR）方法适用于存在多个按时间分布的观测值并且需要针对这些观测值定义的时间间隔开展数据同化的情况。在这种情况下，需要找到在间隔开始时刻（即 i=0）的状态值，以实现整个同化窗口所定义的成本函数的最小化：

$$\boldsymbol{J}(\boldsymbol{x}_0) = \frac{1}{2}\sum_{i=0}^{t}\{[\boldsymbol{y}_i - \boldsymbol{H}_i(\boldsymbol{x}_i)^{\mathrm{T}}]\boldsymbol{R}_i^{-1}[\boldsymbol{y}_i - \boldsymbol{H}_i(\boldsymbol{x}_i)] + (\boldsymbol{x}_0^b - \boldsymbol{x}_0)^{\mathrm{T}}(\boldsymbol{P}_0^b)^{-1}(\boldsymbol{x}_0^b - \boldsymbol{x}_0)\} \tag{7.12}$$

其中，t 是获取观测值对应的时间步数。虽然成本函数的最小化过程与 3DVAR 方法相似，但 4DVAR 方法需要计算线性切线或伴随模型（即模型轨迹的一阶近似）。图 7.4 比较了 3DVAR 方法与 4DVAR 方法的区别。

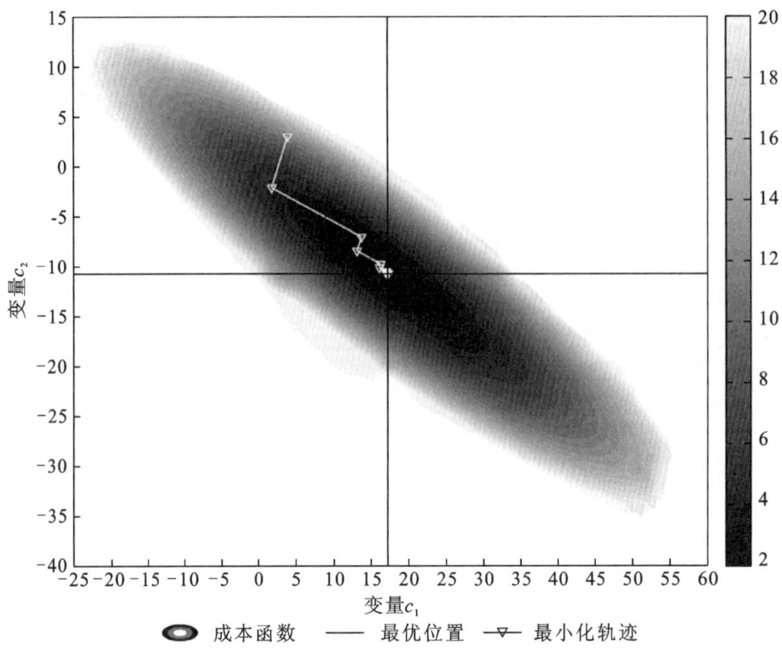

图 7.3　在双变量问题中 3DVAR 方法迭代过程的示意图

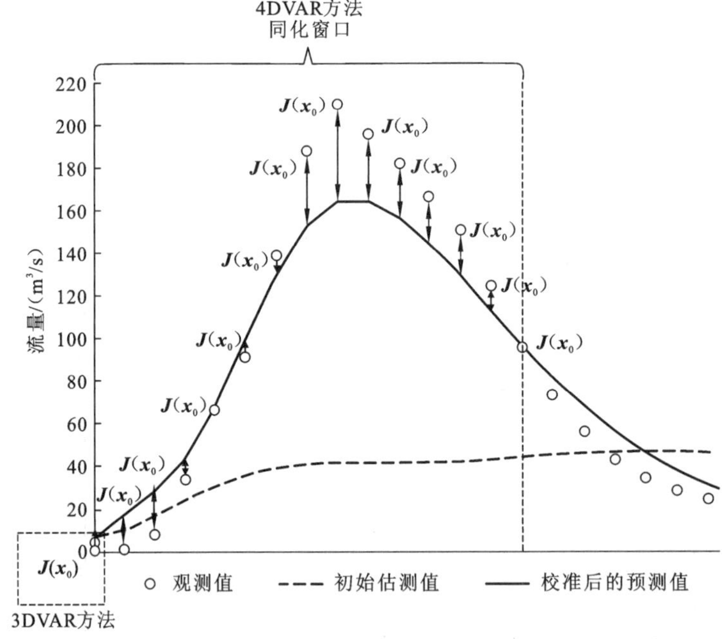

图 7.4　式（7.12）中随时间变化的 4DVAR 方法成本函数的最小化过程示意图

EnKF 是 EKF 的蒙特卡罗简化版。EnKF 最大的优点是可以从集合中反演出误差的统计信息，因此不需要式（7.7）和式（7.8）中的线性化模型和观测算子。集合数据同化过程如图 7.5 所示。EnKF 中有两种方法：随机方法和确定性方法（Hamill，2006）。两者之间的区别在于，在随机方法中，通过添加均值为零且标准偏差为 R 的正态分布的噪声来干扰观测，而在确定性方法中，观测不会受到干扰。对观测值进行干扰是必需的，否则会使分析误差的协方差被整体低估（Hamill，2006）。但添加到观测结果中的噪声也可能会产生不利影响（Clark et al.，2008）。Whitaker 和 Hamill（2002）开发了具有确定性的 EnKF 版本，被称为集合平方根滤波（ensemble square root filter，EnSRF），其使用减少的卡尔曼增益来更新扰动。其实现公式与一般 KF 应用的公式非常相似，预测步骤如下：

$$\boldsymbol{x}_{i,k}^{b}=\boldsymbol{M}_{i-1,k}(\boldsymbol{x}_{i-1,k}^{a}) \tag{7.13}$$

$$\overline{\boldsymbol{x}}_{i}^{b}=\frac{1}{L}\sum_{k=1}^{L}\boldsymbol{x}_{i,k}^{b} \tag{7.14}$$

$$\boldsymbol{x}_{i,k}^{\prime b}=\boldsymbol{x}_{i,k}^{b}-\overline{\boldsymbol{x}}_{i}^{b} \tag{7.15}$$

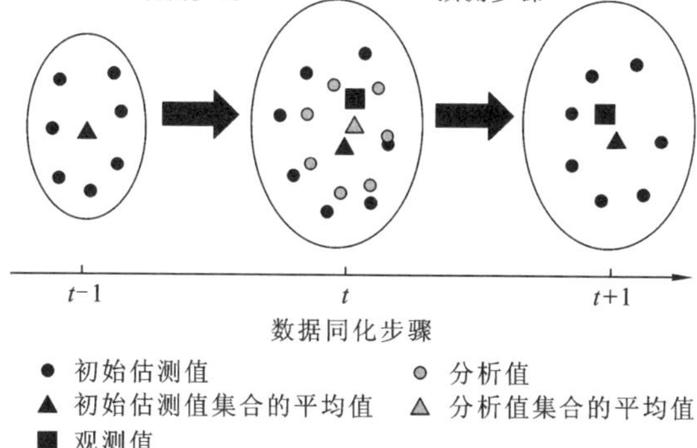

图 7.5　使用 EnKF 进行数据同化的示意图

其中，$\boldsymbol{M}_{i\text{-}1,k}$ 是从时间步长 i−1 到 i 的线性模型集合的第 k 个成员，$\boldsymbol{x}_{i-1,k}^{a}$ 是在第 i−1 时刻对应误差协方差的分析值集合中的第 k 个成员，L 是集合大小，$\boldsymbol{x}_{i,k}^{b}$（k=1,2,3,⋯, L）是背景集合的第 k 个成员，$\overline{\boldsymbol{x}}_{i}^{b}$ 是背景集合的均值，$\boldsymbol{x}_{i,k}^{\prime b}$ 是在时刻 i 的扰动。背景误差的协方差利用该集合计算。相较于 KF 中计算 $\boldsymbol{P}_{i}^{b}$、$\boldsymbol{P}_{i}^{b}\boldsymbol{H}_{i}^{\mathrm{T}}$ 和 $\boldsymbol{H}_{i}\boldsymbol{P}_{i}^{b}\boldsymbol{H}_{i}^{\mathrm{T}}$，EnSRF 计算以下内容（Whitaker and Hamill，2002）：

$$\boldsymbol{P}_{i}^{b}\boldsymbol{H}_{i}^{\mathrm{T}}\approx\frac{1}{L-1}\sum_{k=1}^{L}(\boldsymbol{x}_{i,k}^{b}-\overline{\boldsymbol{x}}_{i}^{b})[\boldsymbol{H}_{i}(\boldsymbol{x}_{i,k}^{b})-\overline{\boldsymbol{H}}_{i}(\boldsymbol{x}_{i,k}^{b})]^{\mathrm{T}} \tag{7.16}$$

$$\boldsymbol{H}_{i}\boldsymbol{P}_{i}^{b}\boldsymbol{H}_{i}^{\mathrm{T}}\approx\frac{1}{L-1}\sum_{k=1}^{L}[\boldsymbol{H}_{i}(\boldsymbol{x}_{i,k}^{b})-\overline{\boldsymbol{H}}_{i}(\boldsymbol{x}_{i,k}^{b})][\boldsymbol{H}_{i}(\boldsymbol{x}_{i,k}^{b})-\overline{\boldsymbol{H}}_{i}(\boldsymbol{x}_{i,k}^{b})]^{\mathrm{T}} \tag{7.17}$$

数据同化步骤分为均值更新和扰动更新。均值更新：

$$\overline{\boldsymbol{x}}_{i}^{a}=\overline{\boldsymbol{x}}_{i}^{b}+\boldsymbol{K}_{i}\quad[\boldsymbol{y}_{i}-\overline{\boldsymbol{H}}_{i}(x_{i,k}^{b})] \tag{7.18}$$

$$\boldsymbol{K}_{i}=\boldsymbol{P}_{i}^{b}\boldsymbol{H}_{i}^{\mathrm{T}}\quad[\boldsymbol{H}_{i}\boldsymbol{P}_{i}^{b}\boldsymbol{H}_{i}^{\mathrm{T}}-\boldsymbol{R}_{i}]^{-1} \tag{7.19}$$

其中，$\overline{\boldsymbol{H}}_{i}$ 为线性算子集合的均值，$\overline{\boldsymbol{x}}_{i}^{a}$ 是第 i 时刻分析值集合的均值，$\boldsymbol{K}_{i}$ 是传统的卡尔曼增益。当前的扰动更新如下：

$$\boldsymbol{x}_{i,k}^{\prime a}=\boldsymbol{x}_{i,k}^{\prime b}-\tilde{\boldsymbol{K}}_{i}\boldsymbol{H}_{i}^{\prime}(\boldsymbol{x}_{i,k}^{b}) \tag{7.20}$$

$$\tilde{\boldsymbol{K}}_{i}=\left(1+\sqrt{\frac{\boldsymbol{R}_{i}}{\boldsymbol{H}_{i}\boldsymbol{P}_{i}^{b}\boldsymbol{H}_{i}^{\mathrm{T}}+\boldsymbol{R}_{i}}}\right)^{-1}\boldsymbol{K}_{i} \tag{7.21}$$

其中，$\tilde{\boldsymbol{K}}_i$ 是减少的卡尔曼增益；$\boldsymbol{H}_i'$ 是扰动后线性观测算子；$\boldsymbol{x}_{i,k}'^{a}$ 是扰动后第 i 时刻对应误差协方差的分析值集合中的第 k 个成员。可以看出，与 $\boldsymbol{K}_i$ 相比，$\tilde{\boldsymbol{K}}_i$ 减少的扰动要更小，能达到与带有扰动观测值的 EnKF 相同的效果。最后，可通过以下公式开展分析：

$$\boldsymbol{x}_{i,k}^{a} = \overline{\boldsymbol{x}}_i^{a} + \boldsymbol{x}_{i,k}'^{a} \tag{7.22}$$

应当指出，同化过程的基本原理与同化的数据来源无关。无论观测值是来自地面站点、雷达还是卫星信号，径流量始终代表河道中的水流通量。此外，无论观测值如何获取，任何给定的数据同化算法都是独立运行的。但在实践中，获得与观测值相关的误差信息对数据同化来说十分必要，而这些信息往往直接与观测值的来源有关。例如，在第 6 章中，我们看到了探地雷达（ground-penetrating radar，GPR）的测量结果对水的电导率非常敏感。在这种情况下，误差的协方差项就必须定义成水的电导率的函数。

因为径流量代表了流域内水流运动的综合过程，所以径流量可以说是水文模型中最重要的变量。在大多数情况下，径流量是水文模型的主要输出，这使得同化技术的应用相对简单。一般情况下，会在流域的特定位置（如流域出口）对径流量进行测量。在某些地区，可以通过地面水文站网络在单个流域进行多点观测，但径流量实测值的空间分布方式对同化技术的实现会产生影响。由于径流量是流域内多点发生的水文过程（如降水或蒸散发）的时空积分结果，所以对径流量实测值的同化需要考虑模型状态变量与任一给定位置模型输出量之间协方差的时空结构。由于在集总式水文模型中所有变量都被视为空间不变并在某个点上进行表示，所以对于集总式水文模型，可以忽略这一特殊的考虑因素。

EnKF 可将逐小时的径流量实测值同化进简单但广泛使用的概念性降水-径流模型，该模型可用于洪水预报。概念性降水-径流模型是基于非线性水库的集总式概念模型，由 Moore（1985）开发的概率分布模型发展而来。该模型用两个串联的线性水库分别表示快速形成的径流和缓慢形成的径流。可通过简单的经验模型来表征径流量实测值的误差，如图 7.6 所示，假设径流量实测值的误差随流量的增大呈对数线性增长。该模型已在北卡罗来纳州沿海的塔尔-帕姆利科河流域（Tar-Pamlico River basin）上运行（图 7.7），该流域的汇水面积为 5 709 km^2，位于沿海平原。采用 EnSRF 对 2003 年 3 月洪水事件中径流量的观测数据进行了同化（图 7.8），其中，通过水文过程线可以清楚地看出，在使用数据同化后，径流模拟的效果得到了显著提升。此外，模拟值也在不确定性范围内。

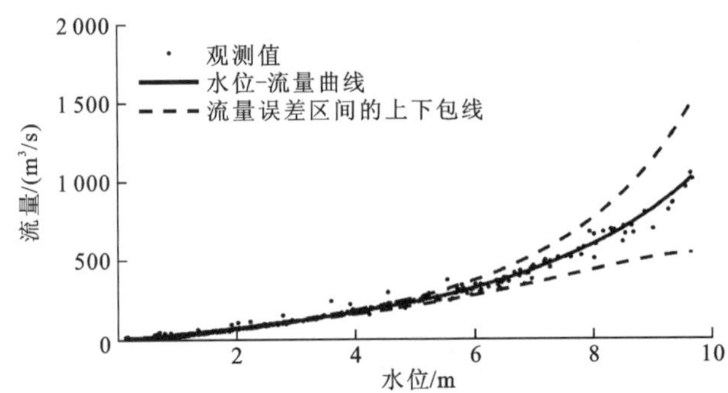

图 7.6　根据水位测量值估测径流量的水位-流量曲线的误差模型

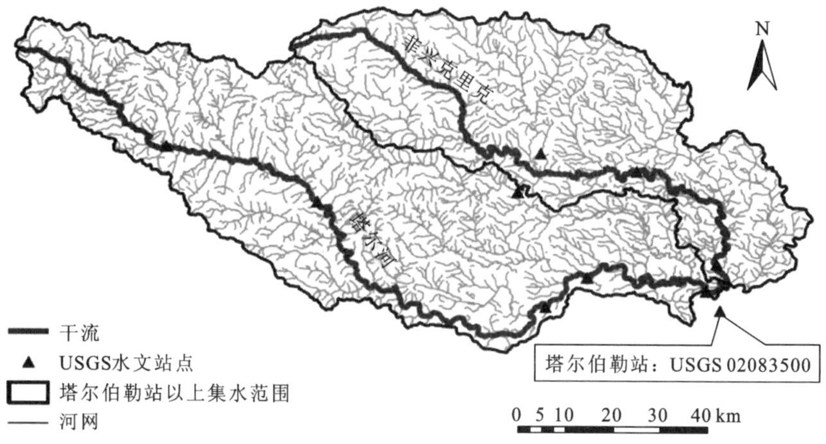

图 7.7　北卡罗来纳州沿海的塔尔-帕姆利科河流域

该流域的汇水面积为 5 709 km^2

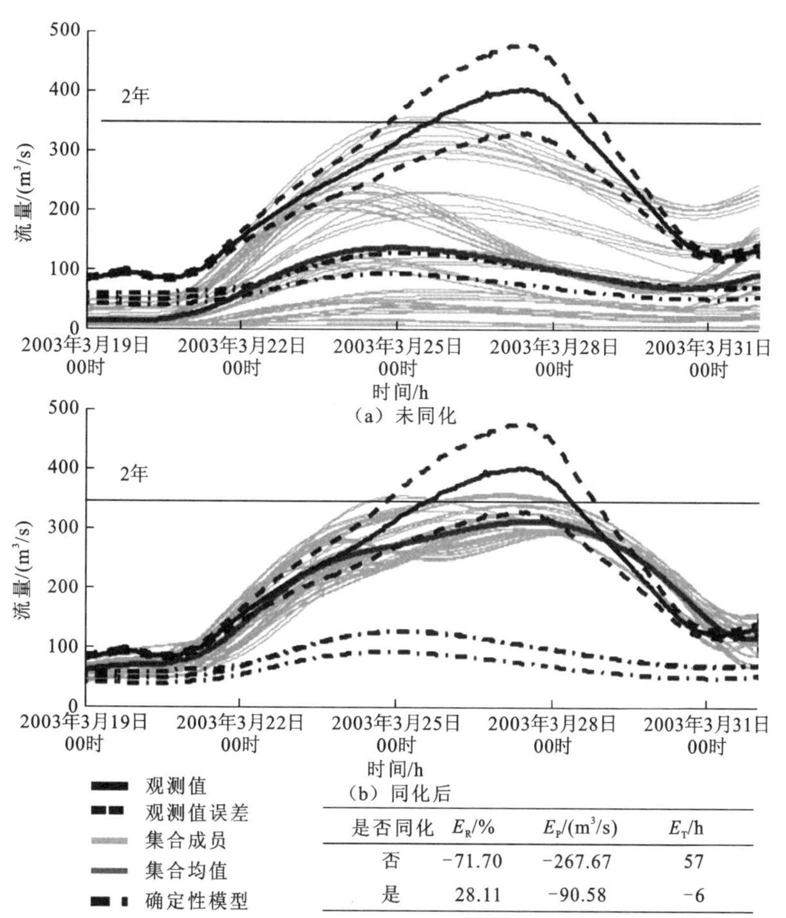

是否同化	E_R/%	E_P/(m^3/s)	E_T/h
否	−71.70	−267.67	57
是	28.11	−90.58	−6

图 7.8　使用 HyMOD 模型在塔尔-帕姆利科河流域上模拟得到的径流量时间序列

（a）无数据同化，（b）使用 EnSRF 对径流量实测值进行同化。表格中显示的统计数据包含：径流时间积分的相对误差 E_R（以百分比表示）、洪峰流量模拟的绝对误差 E_P（单位为 m^3/s）、模拟洪峰流量出现时间的绝对误差 E_T（单位为 h）。在运行 EnSRF 数据同化程序后，所有误差都显著减小

7.1.4 水文模型评价

总体上，可以通过更好的降水和温度观测、改进的模型参数、更好的状态变量估计及更准确和更具描述性的模型物理学原理等来提高径流预报的准确性。为了对模型进行改进，我们必须能够根据所测试的改进情况来量化模型的准确性，这是假设检验的基础。在先前讨论的模型参数估测方法中，水文模型评价也是其固有的。水文模型评价一般通过比较变量（如径流量和土壤湿度）的模拟值与观测值来开展。通过对观测值的时间序列与模拟值进行比较，可以在单个位置（即布设了传感器进行现场观测的位置）进行土壤湿度评估。类似地，也可将空间分布的变量与观测值进行比较。洪水淹没范围是可以用于评估和改进水文模型的另一种观测结果，已在城市水力学模型的应用中得到了证实（Schumann et al.，2011）。由于星载雷达能提供空间分布（格网化）的土壤湿度和淹没产品，所以可以将状态变量与各个点的实测值进行比较，这意味着分布式水文模型更适用于上述情景。

在水文模型评价中，径流量是最常用的变量，可以通过纳什效率系数 NSE（Nash and Sutcliffe，1970）等统计指标来进行评估：

$$\mathrm{NSE}=1-\frac{\sum_{i=1}^{n}(Q_i^{\mathrm{obs}}-Q_i^{\mathrm{sim}})^2}{\sum_{i=1}^{n}(Q_i^{\mathrm{obs}}-Q_{\mathrm{mean}}^{\mathrm{obs}})^2} \tag{7.23}$$

式中：Q_i^{obs} 为第 i 个观测值；Q_i^{sim} 为第 i 个模拟值；$Q_{\mathrm{mean}}^{\mathrm{obs}}$ 为观测值的算术平均值。 简单来说，NSE 将水文模型模拟的径流量结果与用实测流量的平均值表示的流量模拟值进行比较。若水文模型模拟的流量比采用实测流量平均值对流量进行模拟的效果更好，则 NSE> 0。NSE<0 则意味着水文模型的模拟效果比用 $Q_{\mathrm{mean}}^{\mathrm{obs}}$ 直接模拟径流量的效果还差。当 NSE=1 时，说明在每个时间步长水文模拟的流量值均与观测值完美匹配。此外，评估还用到线性样本的皮尔逊相关系数：

$$r=\frac{\sum_{i=1}^{n}(Q_i^{\mathrm{obs}}-Q_{\mathrm{mean}}^{\mathrm{obs}})(Q_i^{\mathrm{sim}}-Q_{\mathrm{mean}}^{\mathrm{sim}})}{\sqrt{\sum_{i=1}^{n}(Q_i^{\mathrm{obs}}-Q_{\mathrm{mean}}^{\mathrm{obs}})^2}\sqrt{\sum_{i=1}^{n}(Q_i^{\mathrm{sim}}-Q_{\mathrm{mean}}^{\mathrm{sim}})^2}} \tag{7.24}$$

式中：Q_i^{obs} 为第 i 个观测值；Q_i^{sim} 为第 i 个模拟值；$Q_{\mathrm{mean}}^{\mathrm{obs}}$ 为观测值的算术平均值；$Q_{\mathrm{mean}}^{\mathrm{sim}}$ 为模拟值的算术平均值，计算该值主要是为了评估模型模拟流量相对峰值时的能力。r 的范围为-1～1，可提供有关负相关（r=-1）、不相关（r=0）和正相关（r=1）的变量信息。这对于评估用于洪水预报的水文模型很有用。此外，评估还需要用到归一化偏差，其计算公式为

$$\mathrm{NB}=\frac{\sum_{i=1}^{n}(Q_i^{\mathrm{obs}}-Q_i^{\mathrm{sim}})}{\sum_{i=1}^{n}Q_i^{\mathrm{obs}}} \tag{7.25}$$

式中：Q_i^{obs} 为第 i 个观测值；Q_i^{sim} 为第 i 个模拟值。NB 对于量化水文模型在模拟径流总量方面的表现十分有用，适用于对水管理情景的评估，其目标一般是在较长的时间尺度上（如季节性或水文年）进行水量匹配。

以上讨论的统计指标适用于评估连续变量，如 Q_i^{sim}。此外，评估二分（是/否）事件的另一组统计指标也可用于水文评估中。在计算统计信息之前，列联表将观测和预测的结果简化为二进制集合。表 7.1 显示了针对观测和预测结果所有可能组合的列联表。请注意，可以针对以几个阈值为判定条件的事件来计算这些统计信息。因此，可以基于 Q_i^{obs} 设定一个或多个阈值，来判定事件是否发生。

表 7.1　用于评估二分（是/否）事件的列联表

评估结果	观测为是	观测为否
预测为是	命中（hits）	误报（false alarms）
预测为否	未命中（misses）	更正为空值（correct nulls）

在表 7.1 中，命中率 POD 为

$$\mathrm{POD}=\frac{\text{hits}}{\text{hits}+\text{misses}} \tag{7.26}$$

其中，POD 的范围是 0～1，1 意味着每个观测结果都被准确地预测。误报率 FAR 为

$$\mathrm{FAR}=\frac{\text{false alarms}}{\text{hits}+\text{false alarms}} \tag{7.27}$$

其中，FAR 的范围是 0～1，满分为 0，代表对观测结果无错误的预测。对命中、未命中和误报信息进行简单汇总，可计算出统计指标——关键成功指数（critical success index，CSI）：

$$\mathrm{CSI}=\frac{\text{hits}}{\text{hits}+\text{misses}+\text{false alarms}}=\frac{1}{\dfrac{1}{1-\mathrm{FAR}}+\dfrac{1}{\mathrm{POD}}-1} \tag{7.28}$$

其中，CSI 的范围是 0～1，1 为满分，表示没有未命中或误报的情况。

事实上，任何一个统计指标都不能充分概括水文模型模拟的整体性能，更好的做法是使用多个统计信息评估环境条件变化（干燥和潮湿）情况下尽可能多的变量，以全面评估水文模型的性能。此外，用于评估的统计信息应反映建模者的预期目标。例如，如果模型的设计和后续评估旨在模拟水质模型中的低流量条件，那么包括 NSE 在内的许多统计指标将不适用于衡量模型的准确性。

7.2　雷达定量降水估测的水文评价

使用独立雨量站的数据集进行详细评估并开展后续的算法改进，可以了解大量有关雷达定量降水估测（quantitative precipitation estimation，QPE）的知识。在某些偏远地区，

降水数据集可能非常稀少或完全不可用。此外，若在算法中已经采用了雨量站数据进行偏差校准，则数据集也可能并不独立。如第 2 章所述，雨量站以比雷达像元低几个数量级的精度进行降水观测，其数据本身也存在误差。可以采用水文模型评估雷达 QPE 算法的性能，一些研究揭示了该算法的优势（Gourley and Vieux，2005）。这是一种针对实际应用所设计的算法，由于雷达 QPE 的用途之一是作为水文模型的输入，所以可以通过不同 QPE 驱动下水文模型的表现来判断雷达算法的改进情况。流域（及分布式水文模型）将降水的空间变异性和随后的流量在空间与时间上进行综合，从而包括了多个雷达像元的组合效应。水文评估的优势必须与估计的不确定性相平衡，即降水驱动的水量中有多少不会转化为流域出口处能被流量计观测到的水量，其中包括蒸散发、下渗、土壤蓄水、含水层蓄水、水库蓄水、灌溉用水及融雪等。

7.2.1　俄克拉何马州科布流域案例分析

Gourley 等（2010）使用美国农业部（U.S. Department of Agriculture，USDA）农业研究院（Agricultural Research Service，ARS）位于俄克拉何马州中西部科布流域（Ft. Cobb watershed）的微网（Micronet）进行了雷达 QPE 与雨量计的对比评估（图 7.9）。

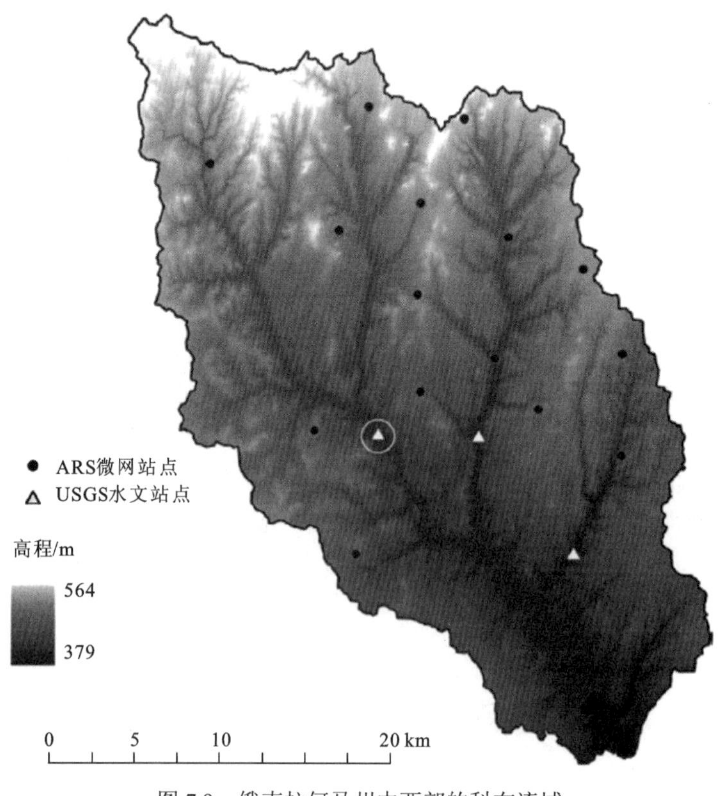

图 7.9　俄克拉何马州中西部的科布流域

该流域以水文站为出口对应的集水面积为 342 km^2

该研究的重点是进行水文评估，通过评估双极化降水算法来补充雷达 QPE 与雨量计比较的结果。该评估揭示了从 QPE 到径流模拟的误差传播过程。例如，如果在对转化为径流量的降水进行时空积分时，QPE 的随机误差相互抵消，则对水文模型和 QPE 的开发人员都将是有益的，因此对水文模拟没有影响。该研究针对数年间的暴雨事件，搜集了共计 1 299 对雷达-雨量计数据，并基于位于俄克拉何马州诺曼市的双极化雷达 KOUN，采用了几种 QPE 算法进行了对比评估。这些算法的复杂程度各有不同，包含雷达反射率 Z_h、差分反射率 Z_{DR} 及特定差分相位 K_{DP} 等信息。图 7.10 显示了在暴雨事件中测得的该流域逐小时降水散点图（对数刻度）。由图 7.10 可知，随着算法复杂度的提高，均方根误差 RMSE 呈现减小趋势而相关系数呈现增大趋势。这表明在使用双极化雷达时，采用更先进的 QPE 算法的效果更佳。

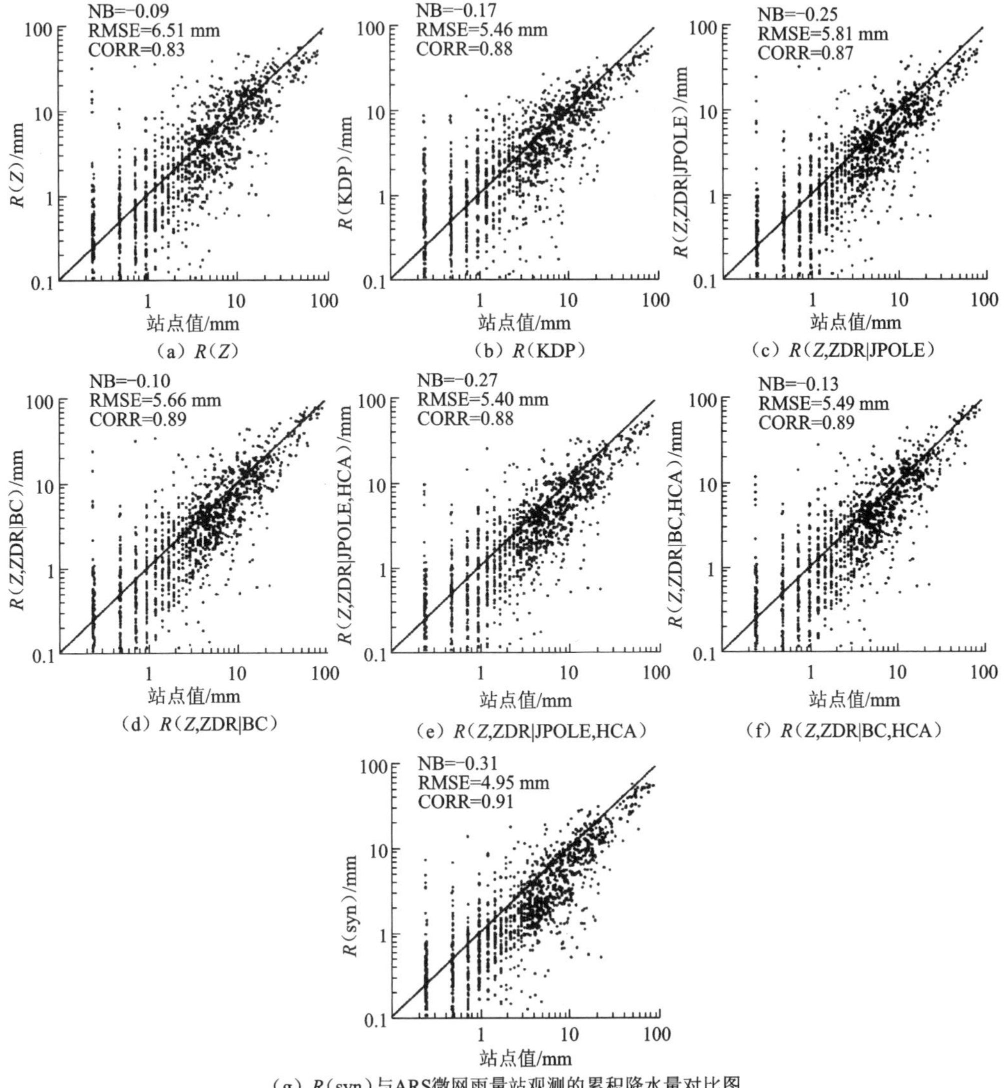

图 7.10　来自 KOUN 的逐小时降水散点图[图改编自 Gourley 等(2010)，具体算法见 Gourley 等(2010)]

图 7.11 显示了组成数据集的每个事件中降水估测值的归一化偏差（NB）分布情况。从 NB 的角度来看，$R(Z)$算法在不同暴雨事件之间显示出的变异性最大。在 2007 年 8 月 18 日热带风暴“艾琳”中，与雨量站实测数据相比，$R(Z)$算法低估了约 40%；在 2008 年 3 月 31 日的春季雷暴中，该算法又高估了约 80%的雨量。这两个事件之间的差异在于雨滴粒径分布（drop size distribution，DSD）的变化。热带风暴“艾琳”的 DSD 与 $R(Z)$算法中假定的 DSD 存在偏差。热带 DSD 的特征是小直径降水粒子的比例增加，这会导致对流或层状 $R(Z)$算法对降水量的低估（Petersen et al.，1999）。另外，2008 年 3 月 31 日的暴雨中夹杂着冰雹，这意味着观测的 DSD 再次出现异常，大直径降水粒子的比例增加。因此，单参数雷达 QPE 算法的 NB 在很大程度上取决于实际的 DSD 与在 $R(Z)$算法中使用的假定 DSD 有何不同。

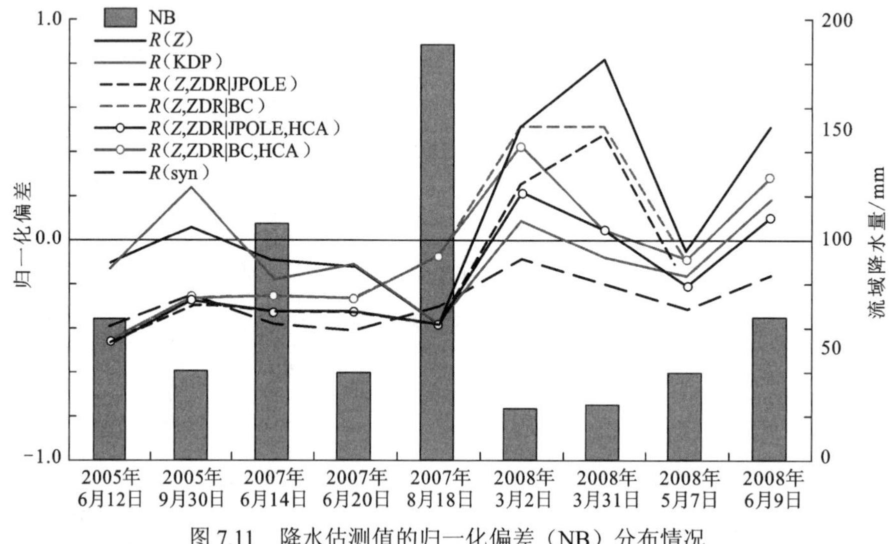

图 7.11 降水估测值的归一化偏差（NB）分布情况

图中显示 R(syn)算法的整体 NB 虽然为−0.31（−31%），但在不同暴雨事件间呈现出的变异性最小［图改编自 Gourley 等（2010）］

就 NB 而言，所有极化 QPE 算法展示的暴雨事件间的差异性均小于 $R(Z)$算法。这表明极化变量 Z_{DR} 和 K_{DP} 能对 DSD 做出响应并相应调整降水估测值。最复杂的“合成”算法 R(syn)根据阈值来调整降水估测，极大程度地减少了来自极化变量的测量误差（Ryzhkov et al.，2005）。例如，在 S 波段，K_{DP} 在小雨中几乎没有灵敏度，对混有大雨的冰雹也不敏感，这种混合水汽凝结体的情况会导致 Z 值增大。因此，对于强降水，R(syn)依赖于 $R(K_{DP})$，而降水量较小时，R(syn)不依赖于 $R(K_{DP})$。R(syn)的整体 NB 为−31%，但该偏差实际上与风暴类型和降水强度无关，这表明 R(syn)能适用于不同的 DSD。

7.2.2 基于由一套基准定量降水估测率定后的水文模型的水文评价

俄克拉何马州科布流域拥有一个非常密集的受到定期维护和人工控制的高质量雨量站网络（图 7.9）。该网络监测的数据能提供基准 QPE 产品，不仅可以直接评估如图 7.10

和图 7.11 所示的 QPE 算法，而且可以率定分布式水文模型。基于密集雨量计观测点开展空间插值生成格网化的 QPE，可以假设该 QPE 在大小和时空分布方面非常接近该流域的真实降水，并且这个格网化的 QPE 与基于极化雷达变量的其他降水估测器无关。

通过将与基准 QPE 对应的站点实测降水 R(gag)作为降水输入在科布流域上建立的分布式水文模型中，研究人员开发了一种基于 DREAM 抽样算法的降水输入评估（assessment of rainfall inputs using DREAM，ARID）方法，其能使用 DREAM 抽样算法（参数自动估测方法）率定模型参数。进行到这一步时，可以认为已经根据最接近真实降水的参考降水强度定好了分布式水文模型。下一步则是通过将不同的 QPE 产品输入率定好的水文模型中，评估生成的模拟径流量，从而开展不同 QPE 算法的评估。值得注意的是，由于使用雷达 QPE 进行的水文模拟不可能比用于模型率定的 R(gag)拥有更好的预测能力，所以这个评估并不是绝对的。因此，还需要结合径流实测值及 R(gag)驱动下的径流模拟结果，采用以下相对统计指标来评估不同的雷达 QPE 产品：

$$\mathrm{GRB}=\left[\frac{\sum_{i=0}^{N}(Q_i^R-Q_i^{\mathrm{obs}})}{\sum_{i=0}^{N}Q_i^{\mathrm{obs}}}-\frac{\sum_{i=0}^{N}[Q_i^{R(\mathrm{gag})}-Q_i^{\mathrm{obs}}]}{\sum_{i=0}^{N}Q_i^{\mathrm{obs}}}\right]\times 100 \tag{7.29}$$

式中：GRB 为地面站点观测相关偏差；Q^R 为待评估的降水算法对应的模拟径流；Q^{obs} 为径流实测值；$Q^{R(\mathrm{gag})}$为采用 R(gag)降水驱动生成的模拟径流。因此，GRB 计算的是待评估的降水算法与 R(gag)生成的模拟径流分别与实测径流相比的误差间的偏差（以%为单位）。GRB=0 表示待评估的降水算法得到的模拟径流的误差与 R(gag)作为输入生成的模拟径流的误差相同。同样，地面站点观测相关效率 GRE 的定义如下：

$$\mathrm{GRE}=1-\frac{\sum_{i=0}^{N}(Q_i^R-Q_i^{\mathrm{obs}})^2}{\sum_{i=0}^{N}[Q_i^{R(\mathrm{gag})}-Q_i^{\mathrm{obs}}]^2} \tag{7.30}$$

式（7.30）与计算 NSE 的式（7.23）非常相似，主要是衡量雷达 QPE 与观测流量之间的匹配程度，式（7.30）基于R(gag)驱动下得到的模拟径流而不是观测流量平均值来进行量化评估。GRE=0 表示将 R 降水作为水文模型驱动与将 R(gag)作为驱动具备相同的效果，而 GRE=1 则表明基于雷达 QPE 的径流模拟的效果超出了模型率定的效果，并且与观察结果完全一致。随着 GRE 向−∞方向变小，GRE 的得分变差。

此项研究继续使用 ARID 方法评估各种极化雷达算法的水文性能。图 7.12 从 GRE 和 GRB 角度展示了各类算法在水文技能方面的表现。彩色圆圈表示算法的统计性能，而没有填充颜色的圆圈则显示了在消除事件组合偏差后的技能水平。这些图形用于说明算法在去除偏差后的改进效果。就 GRE 而言，这种偏差消除对 $R(Z)$算法的水文技能几乎没有影响，这意味着当考虑所有合并事件时，$R(Z)$是无偏差的，但是在事件间存在很大的变异性。R(syn)算法的 GRE 得分低于 $R(Z)$作为输入的 GRE 得分。在这种情况下，简单的偏差去除使得 GRE 得到了提高，R(syn)与率定模型所用的 R(gag)输入相比，水文性能上仅略有差异。此外，在进行偏差调整后，就变量的使用条件而言，GRE 通常能反映降水输入所使用的极化算法本身的复杂性。这意味着极化雷达能够为水文模型提供更精确的输入，但也可能会出现系统误差或偏差。这项研究指出了极化雷达的巨大使用潜力，但同时也指出了有必要对偏差敏感的变量进行校正。

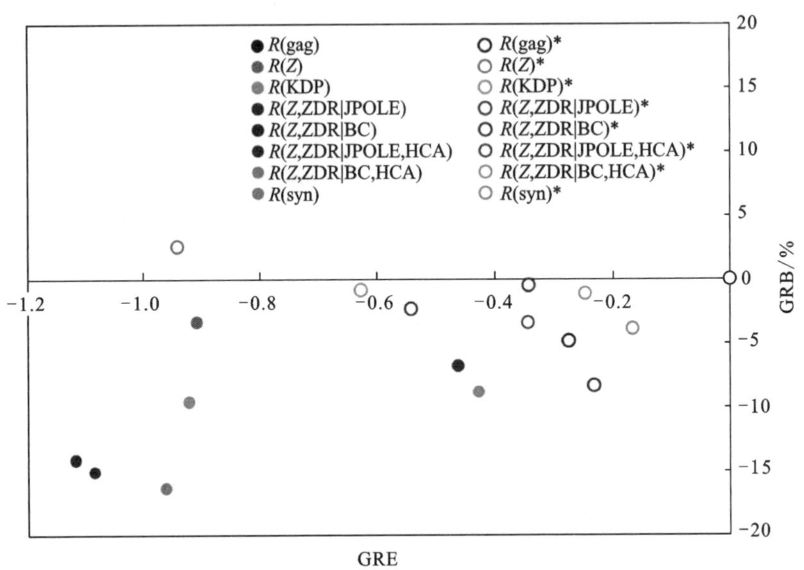

扫一扫，见彩图

图 7.12　科布流域针对极化雷达降水估测算法的水文性能评估

评估中使用的指标为式（7.29）、式（7.30）计算的 GRB 和 GRE[图改编自 Gourley 等（2010）]

7.2.3　基于水文模型的蒙特卡罗模拟评价

对于具有实测降水值和径流值的流域来说，可以认为其具备地面真实数据，进而开展水文研究，但对于资料缺乏的流域，这一方法并不可行。而通过考虑造成水文模型内不确定性的最大因素，研究人员开发了另一种以降水为输入的水文评估方法。

通常该因素是参数的不确定性，减小水文模型参数不确定性的一种方法是采用蒙特卡罗方法尽可能多地开展模拟，在部分或全部可用的参数空间中进行探索。通过大量模拟可以评估集合中所有成员整体的综合性能，并将其置于适当的统计范围内。这种方法不像常规水文模型一样需要率定，但仅能提供给定降水输入的潜在水文性能范围。如果不同的降水输入之间仅有微小的修改，则水文技术的不确定性可能主要由参数的不确定性来驱动，从而导致难以区分不同的降水输入。

Gourley 和 Vieux（2005）演示了一个用于评估几种雷达降水输入技术的蒙特卡罗模拟示例，对所使用的水文模型参数空间进行了统一采样，并计算了峰值流量、出现峰值的时间和总水量的概率密度函数。概率密度函数并不是模型参数，可使用式（2.1）中引入的高斯核密度估测技术进行计算。集合技术可使用排名概率评分（ranked probability score，RPS）（Wilks，1995）进行评估：

$$\mathrm{RPS}=\sum_{m=1}^{J}\left(\sum_{i=1}^{m}y_i-\sum_{i=1}^{m}o_i\right)^2 \tag{7.31}$$

式中：y_i为分配至第 i 个类别的累积概率；o_i为在第 i 个类别中观测的累积概率；J 为类别的数目。RPS 实际上将模拟变量的整个概率密度函数与单个时间、峰值流量或水量的观测值进行比较。与观测值相差很大的模拟所受到的惩罚大于那些落入观测值附近区间的模拟。在比较统计分数时，通常需要确定差异的统计显著性。在以上研究中，采用了重采样技术来建立置信区间，即通过将不同的水位图样本（如峰值流量）汇集在一起而实现。然后，随机选择这些值以创建两个不同的样本。对每个样本计算 1 000 次 RPS 分数，随后用于创建 RPS 差异的累积分布。然后利用累积分布确定获得原始 RPS 差异的概率，该概率可作为计算 RPS 差异统计显著性的基础，而统计显著性是基于不同降水估测算法驱动产生的模拟结果计算而来的。

在该方法中，还需要确定水文模型的敏感参数并估测其分布。参数空间的采样需要统一执行，如果仅对一部分参数空间进行采样，会使模拟结果出现偏差，进而错误地将给定的降水输入识别为水文技术最佳的输入。但当真实降水参照数据不可获取时，该方法对于量化和比较不同降水输入的水文技术十分有用。此外，该方法对参数空间进行采样，而不是找到实现最佳水文技术的位置。这意味着该方法基本上避免了对参数进行估测，因此可用于没有长期连续降水记录的流域。通常，水文模型需要多年连续的降水记录才能进行参数率定，这限制了依靠模型率定的水文评估方法的应用。在俄克拉何马州布卢里弗流域进行的研究所得出的主要结论是，在分布式水文模型中，基于稀疏雨量计的输入不如基于雷达降水的输入。并且，类似于在科布流域进行的研究，该研究也发现，随着降水估测算法复杂性的增加，其水文技术的性能更好。

7.2.4　基于由多个单独雷达定量降水估测率定后的水文模型的水文评价

另一个评估降水估测技术的方法是采用各降水估测值分别率定水文模型。假设针对不同降水估测，水文模型的率定时间较长（大约数年），并且参数估测技术对每个输入均具有相似且客观的性能。由于需要获得长期、连续的降水估测记录，这种方法被严重限制。此外，特别是随着新的观测技术的出现及遥感算法的更新，估测方法能不断得到改进。水文模型的复杂性意味着参数估测方法必须尝试对整个参数空间或其近似空间进行采样。鉴于参数空间通常为 10 个或更多维度，无法利用现代计算能力对整个参数空间进行完全采样，所以许多参数自动估测方法会识别多维参数空间中的局部最小值，该局部最小值的代表性因输入而异。因此，该方法评价的客观性受到优化程序性能的影响，不再仅仅是对降水驱动的水文技术进行评估。

由于难以获得长期的降水估测记录，尤其是来自非业务化运行系统的降水估测，并且优化方法存在无法识别真正全局最小值的可能性，该技术在研究中并不经常使用。但如果长期记录显示降水输入没有发生显著变化，那么这项技术对水文预报系统的运行非常有用。给定的降水输入可能会提高水文技术的性能，因为它可以弥补水文模型结构中通常会导致偏差模拟的缺陷。

因此，如果希望获得更好的水文预报性能，可以根据该技术进一步了解能改进水文预报能力的相关产品。但这一结论可能并不直接适用于评估降水算法本身的性能，其结果受到特定流域、模型和模拟时间段的限制。

问 题 集

定性问题

1. 描述概念水文模型和物理水文模型在参数方面的主要区别。
2. 描述集总式、半分布式和分布式水文模型之间的差异与相似性。
3. 为什么使用水文模型很难准确评估降水输入的性能？
4. 相比其他方法，为何使用水文指标评估 QPE 能更好地说明 QPE 的时空尺度？
5. 可以进行评估的三个水文变量分别是什么？
6. 就雷达 QPE 和水文模型而言，误差传播意味着什么？

定量问题

1. 给定一个具有 120 个命中、38 个未命中、45 个误报和 80 个空值的列联表，请计算 POD、FAR 和 CSI。

2. 请在科布流域使用提供的时间序列数据运行集总式 CREST 水文模型，采取 NSE[①]、偏差和均方根误差这三个指标进行效果评估，并绘制水文过程线。

3. 在降水输入偏差为 10%、25%、50%、75%、100%的情况下，运行集总式 CREST 水文模型，并绘制误差传播示意图。讨论不同 QPE 驱动下的水文过程线和评价指标得分的差异，并判断其中哪一种情况具有最小的误差传播率。

参 考 文 献

Clark, M., D. Rupp, R. Woods, X. Zheng, R. Ibbitt, A. Slater, J. Schmidt, and M. Uddstrom. 2008. Hydrological data assimilation with the ensemble Kalman filter: Use of streamflow observations to update states in a distributed hydrological model. *Advances in Water Resources* 31: 1309-1324 10.1016/j.advwatres. 2008. 06. 005.

Duan, Q. Y., V. K. Gupta, and S. Sorooshian. 1993. Shuffled complex evolution approach for effective and efficient global minimization. *Journal of Optimization Theory and Applications* 76(3): 501-521.

Evensen, G. 1994. Sequential data assimilation with a nonlinear quasi-geostrophic model using Monte Carlo

① 译者注：原著为 NSCE，此处更正为 NSE。

methods to forecast error statistics. *Journal of Geophysics Research* 99: 10143-10162 10. 1029/94jc00572.

Gourley, J. J., and B. E. Vieux. 2005. A method for evaluating the accuracy of quantitative precipitation estimates from a hydrologic modeling perspective. *Journal of Hydrometeorology* 6(2): 115-133.

Gourley, J. J., S. E. Giangrande, Y. Hong, Z. L. Flamig, T. J. Schuur, and J. A. Vrugt. 2010. Impacts of polarimetric radar observations on hydrologic simulation. *Journal of Hydrometeorology* 11: 781-796.

Hamill, T. M. 2006. Ensemble-based atmospheric data assimilation.In *Predictability of Weather and Climate*, edited by T. Palmer and R. Hagedorn.Cambridge: Cambridge University Press.

Jazwinski, A. 1970. *Stochastic Processes and Filtering*. New York: Dover Publications.

Kalman, R. E. 1960. A new approach to linear filtering and prediction problems. *Journal of Basic Engineering* 82: 35-45.

Koren, V. I., M. Smith, D. Wang, and Z. Zhang. 2000. Use of soil property data in the derivation of conceptual rainfall-runoff model parameters. *Proceedings of the 15th Conference on Hydrology*, 103-106, Am. Meteorol. Soc., Long Beach, CA.

Liang, X., D. P. Lettenmaier, and E. F. Wood. 1996. One-dimensional statistical dynamic representation of subgrid spatial variability of precipitation in the two-layer variable infiltration capacity model. *Journal of Geophysics Research* 101(D16): 21403-21422.

Moore, R. J. 1985. The probability-distributed principle and runoff production at point and basin scales. *Hydrological Sciences* 30: 273-297.

Nash, J., and J. Sutcliffe. 1970. River flow forecasting through conceptual models.Part I: A discussion of principles. *Journal of Hydrology* 10: 282-290.

Petersen, W. A., L. D. Carey, S. A. Rutledge, J. C. Knievel, R. Johnson, N. J. Doesken, T. B. Mckee, T. H. Haar, and J. F. Weaver. 1999. Mesoscale and radar observations of the Fort Collins flash flood of 28 July 1997. *Bulletin of the American Meteorological Society* 80: 191-216.

Ryzhkov, A. V., S. E. Giangrande, and T. J. Schuur. 2005. Rainfall estimation with a polarimetric prototype of WSR-88D. *Journal of Applied Meteorology* 44: 502-515.

Schumann, G. P., J. C. Neal, D. C. Mason, and P. D. Bates. 2011. The accuracy of sequential aerial photography and SAR data for observing urban flood dynamics: A case study of the UK summer 2007 floods. *Remote Sensing of Environment* 115 (10): 2536-2546. http://dx.doi.org/10.1016/j.rse.2011.04.039.

Vrugt, J. A., C. J. F. ter Braak, C. G. H. Diks, B. A. Robinson, and J. M. Hyman. 2009. Accelerating Markov chain Monte Carlo simulation by differential evolution with self-adaptive randomized subspace sampling. *International Journal of Nonlinear Sciences and Numerical Simulation* 10: 273-290.

Wang, J., Y. Hong, L. Li, J. J. Gourley, S. I. Khan, K. K. Yilmaz, R. F. Adler, F. S. Policelli, S. Habib, D. Irwin, A. S. Limaye, T. Korme, and L. Okello. 2011. The coupled routing and excess storage (CREST) distributed hydrological model. *Hydrological Sciences Journal* 56: 84-98. doi: 10. 1080/02626667. 2010. 543087.

Whitaker, J. S., and T. M. Hamill. 2002. Ensemble data assimilation without perturbed observations. *Monthly Weather Review* 130: 1913-1925.

Wilks, D. S., 1995. Statistical Methods in the Atrmospheric Sciences. *International Geophysics Series*. Vol. 59, Academic Press, 467pp.

Zhao, R., Y. Zhang, L. Fang, X. Liu, and Q. Zhang. 1980. The Xinanjiang model.Hydrological forecasting, in *Proceedings of Oxford Symposium*, 129 (IAHS Publication, Wallingford, UK), 351-356.

Zhao, R. 1992. The Xianjiang model applied in China. *Journal of Hydrology* 135 (3): 371-381.

第 8 章

山洪预报

在美国及其他地区所有与风暴有关的自然灾害中，山洪是近年来最为致命的（Ashley and Ashley，2008）。与龙卷风、大冰雹和大雪不同，山洪不是纯粹的大气现象。负责预测这些事件的气象学家和天气预报员不仅需要具备气象知识，而且在许多情况下还需要具备水文知识，并且对所涉及的陆地-大气相互作用也要有所了解。此外，山洪产生的影响的大小和类型通常取决于山洪发生、发展的全过程，在山洪影响的研究上也必须运用社会科学。由于山洪发生在较小的空间和时间范围内，通常需要高分辨率的观测数据来产生有效的预报结果。

在考虑气象因素时，强降水是发生山洪的主要因素。Doswell 等（1996）深入探讨了与山洪暴发有关的其他大气因素，发现高降水强度、深对流风暴复合体、缓慢或持续性风暴运动及湿空气不断卷入风暴等因素都十分重要。在中等时空尺度上，天气预报员常常考虑大气垂直运动的范围和持续性、可降水量及较大的大气温度随海拔的变化率。但预报山洪的主要依据仍是风暴规模，而且通常是在降水开始之后的风暴规模。

气象雷达是监测导致山洪的暴雨的最重要的工具，但对山洪预报员来说，使用来自气象雷达的原始降水强度估测数据仍然充满挑战。第 2 章中详细讨论的雷达降水强度估测的误差可能会误导预报员。许多山洪暴发事件与暖雨事件有关（Petersen et al.，1999），如果降水估测算法未包含有关极地雷达雨滴粒径分布（drop size distribution，DSD）的信息或没能识别出热带环境特征，则将导致对降水的严重低估。在第 4 章中讨论的多雷达多传感器（multi-radar multi-sensor，MRMS）算法对导致山洪的降水强度的估测相对来说更为准确，各雷达站点约每 5 min 更新一次体积扫描，但整个网络尚未做到同步更新。换言之，一个雷达站点可能在 12:05（协调世界时）更新，但其相邻的雷达可能在 12:06（协调世界时）更新。MRMS 算法利用这些时间差来生成、更新降水估测产品，其分辨率为 1 km/2 min。这样一来，即使在拼接了数据之后也可以保持高分辨率，从而可以在山洪暴发时准确估测出降水强度。

山洪预报需要的不仅仅是大气信息。例如，在 30 min 内 25 mm 的降水落在玉米田上的影响完全不同于 30 min 内相同雨量降落在纽约市（New York）的影响。这个简单的例子说明预报员必须掌握有关地表的信息。例如，玉米田和城市之间的主要区别在于不透水层面积，当降水降落在植物和土壤上时，一部分降水会下渗进入土壤，任何下渗的水都不会立即形成地表径流，这样可以减小山洪的影响。当降水降落在建筑物的屋顶或者任何混凝土或沥青表面上时，任何水都无法下渗，将立即变成径流，从而增加山洪暴发的可能性。下渗量取决于前期土壤湿度、土地覆盖类型和其他因素。这些因素通常会被考虑进第 7 章所讨论的水文模型，以提供有关水到达地表后的去向信息。

降水估测可以直接用于水文模型，提供有关山洪发生可能性的预警信息。未来，预报员可以直接在水文模型中使用数值天气预报（numerical weather prediction，NWP）模式的定量降水预报（quantitative precipitation forecasts，QPFs）提前数小时或数天来估测山洪暴发的影响。由于可在水文模型中采用定量降水估测（quantitative precipitation estimation，QPE）进行驱动，所以真正意义上需要“预测”的成分来自地面，而非大气。在过去的几十年中，美国国家气象局（National Weather Service，NWS）生产了一套名为“山洪早期预警”（flash flood guidance，FFG）系统的产品，该产品可将水文和大气信息组合，形成一个新的指标。

8.1　山洪早期预警系统

在美国，河流洪水预报由河流预报中心（River Forecast Center，RFC）负责，山洪监测和预报由当地天气预报机构（Weather Forecast Office，WFO）负责（图 8.1）。

图 8.1　美国 RFC 辖区边界（粗线）和 WFO 辖区边界（细线）示意图

以上责任分工是基于一个流域的降水在该流域造成洪水影响所花费的时间而定的，耗时超过 6 h 的洪水由 RFC 负责预报，耗时少于 6 h 的洪水被定义为山洪，由 WFO 负责预报。一般情况下，当地的 WFO 最多只有一名水文学家，由于预测山洪需要水文知识，所以该名水文学家（或服务水文学家）承担着向值班的 WFO 气象学家提供水文信息资源的重要责任。而 RFC 则聘用了多名水文学家，他们也可以向 WFO 提供有关水文学的知识。RFC 的日常工作职责是定期运行不同的水文模型以监控大型河网的水位和流量，这些水文模型（必要时需经过一些修改）被用于开展山洪预警业务。FFG 在 RFC 生成后，会提供给同一地区的 WFO，这些结果是山洪预报模型信息的主要来源。

FFG 的定义是在给定的时间段（1 h、3 h、6 h、12 h 或 24 h）内，在小型自然河网上引起河漫滩情况所需的降水量。FFG 绘制在极球面投影格网上，侧面标称分辨率为

4 km。尽管每个格网单元都可能具有独立的 FFG，但其空间分布在很大程度上取决于所讨论的区域的地形和土壤类型及用于产生 FFG 的方法。在运行过程中，来自 WSR-88D 的降水估测几乎能实现与格网化的 FFG 的实时比较。山洪监控和预测（Flash Flood Monitoring and Prediction，FFMP）计划是进行这些比较的框架系统。预报员可以看到 QPE 与 FFG 的比例、QPE 与 FFG 之间的差异或以 FFG 百分比表示的降水量。当 QPE 开始接近某个格网单元的 FFG 时，预报员可以选择发出山洪预警。

在美国的某些地区，超过 FFG 的 QPE 被严格视为发出山洪预警的阈值。而在其他地区，预报员可能需要等待 QPE 达到 FFG 的 125%或 150%，才能发出预警。尽管 FFG 系统不是为城市区域所设计的，但工作人员也在某些地区的城市格网单元上填充了 FFG。一般情况下，可以使用一些常用的经验法则完成此过程，如降水强度超过 1 in/h（25.4 mm/h），则认为可发出预警。针对城市地区对 FFG 做出调整，是一种将城市化信息添加到水文模型输出中的简单方法。Clark 等（2014）评估了美国各种 FFG 系统的性能，并明确了采用 125%、150%或 200%作为预警阈值时，产品的效用最高。总体而言，若不做出调整，原始 FFG 系统的性能远不能满足山洪预警的要求，这表明预报员在预警过程中添加的本地信息或其他信息能显著改善预报结果。

山洪预警通常每天生成 1～4 次，有效时间为天气时间[00:00 或 12:00（协调世界时）]或次天气时间[06:00 或 18:00（协调世界时）]，每个 RFC 将其全部或部分 FFG 格网发送给位于其区域的 WFO。在持续大量降水和/或山洪暴发的情况下，WFO 可以在每两个发出时刻之间请求更新 FFG。更新 FFG 的过程可能会出现负面作用，如出现“跳值”。例如，对于目标流域，一个在 12:00（协调世界时）有效的 FFG 格网 3 h 的 FFG 为 2.5 in（63.5 mm），而在 17:00～18:00（协调世界时），该流域的格网单元接收了 2.0 in（50.8 mm）的降水，因此在 17:59（协调世界时）时 FFMP 计划显示屏将会显示 QPE 达到 3 h 山洪预警值的 80%。而 RFC 在 18:00（协调世界时）发布更新后的 FFG 格网，新的 FFG 约为 0.5 in（12.7 mm）（因为最初 FFG 为 2.5 in 或 63.5 mm，后续又有 2.0 in 或 50.8 mm 新的降水，如果未来 3 h 降水超过 0.5 in，说明达到了山洪预警值，所以 FFG 相应更新为 0.5 in）。但当将新的 FFG 格网加载到 FFMP 计划中时，该程序所指示的降水量将是山洪预警值的 400%！这是因为现在是将 2.0 in（50.8 mm）的降水与更新后的 0.5 in（12.7 mm）的 FFG 进行了比较。这是使用山洪预警产品的众多注意事项之一，我们将这种现象称为“跳值”，因为在 17:00～19:00（协调世界时）QPE 与 FFG 的比例从 0 上升到 80%，但经过 17:00（协调世界时）到 18:00（协调世界时）后，会在 18:01（协调世界时）瞬间跳至 400% 。

一些 RFC 一天仅发布一次 FFG[通常在 12:00（协调世界时）]，尤其是在一年中 FFG 趋于稳定的枯水季。WFO 还可能负责涉及两个甚至三个 RFC 的县。由于在不同的 RFC 使用了不同的生成方法来生成 FFG，所以可能导致县与县之间，尤其是地区与地区之间的 FFG 呈现出巨大差异。在 RFC 间的边界上也有格网单元，这些单元不产生 FFG。在图 8.2 中，黑色区域代表 FFG 在 2006～2010 年仅偶尔存在的像元。图 8.2 中，在 RFC 边界、部分流域和像元上 FFG 的缺失及其他问题也显而易见。

图 8.2　2006 年 10 月～2010 年 8 月每个像元上 FFG 缺失的时间（Clark et al.，2014）

一般情况下，FFG 由两个主要部分组成：被称为阈值径流（threshold runoff，ThreshR）的固定值和以情景模式运行的降水径流模型。通过对特定区域中小型自然河流的调查，可确定 ThreshR。ThreshR 定义为流域发生洪水的流量与单位过程线峰值的比值，换言之，ThreshR 是在特定位置引起河道漫水状态所需的径流量。在具有雨量站的地区，能很方便地计算出 ThreshR。但由于发生山洪的流域的面积远小于美国国土面积，所以即便只是对一小部分流域进行观测，也十分不易。所以几十年来，RFC 一直派出调查小组确定各类河道的 ThreshR。一般地，ThreshR 是流域地貌特征的特定函数，不会随天气条件而变化。由于在 FFG 格网产品中，ThreshR 仅能代表空间中某点处对应的值，所以多年来开发了各种将 ThreshR 格网化的方法。某些 RFC 使用调查数据的平均值为中等规模（300～3 000 km^2）的流域确定 ThreshR。而在美国其他地区，ThreshR 是按州或县来分配的。还有一些其他地区，借助地理等高线从已知的调查位置向外扩展，绘制出格网化的 ThreshR（Carpenter et al.，1999）。

FFG 的第二个组成部分是降水-径流模型。图 8.3 显示了用于计算 FFG 的曲线类型。通常，将 QPE 作为降水-径流模型的驱动，由该模型计算降水到达地面后的去向。换言之，模型输出的是径流量。而 FFG 需要根据此流程反推。计算 FFG 时，所需的输出（即阈值径流）是已知的，随着降水量的增加，当模型输出达到阈值径流时，输入的降水量为该格网单元对应的 FFG。

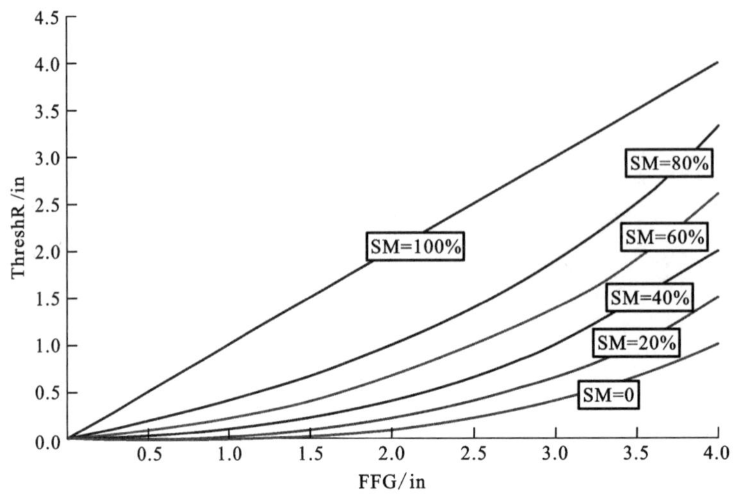

图 8.3 取决于土壤湿度的用于产生 FFG 的函数曲线

在此案例中，根据土壤湿度 SM，阈值径流 1.0 in（25.4 mm）对应的 FFG 将介于 1.0 in 和 4.0 in 之间（25.4～101.6 mm）。随着 SM 的下降，FFG 增加，这是因为在干燥的土壤上需要更多的降水来产生河漫滩（洪水）条件（Reed and Ahnert，2012）

8.2 山洪早期预警系统的研究现状

长期以来，人们普遍认为山洪暴发是灾难性的天气现象。在第二次世界大战后的几年中，随着美国人口密度的增加，居住在易遭受山洪灾害地区的人数也在增加。到 20 世纪 70 年代中期，山洪造成的经济损失是战后的 6 倍，而死于山洪的人数是 20 世纪 40 年代中期的 3 倍（Mogil et al.，1978）。到 20 世纪 70 年代末，尽管存在针对雷暴和龙卷风的类似预警系统，但 NWS 还没有全国性的山洪预警系统。在 20 世纪 60 年代末和 20 世纪 70 年代初，几次毁灭性的山洪直接推动了山洪预警系统的形成，人们开始尝试进行山洪暴发预警，即创建“原始山洪预警”（original flash flood guidance，OFFG）系统（Clark，2012）。如同现在的 FFG 系统一样，OFFG 系统是基于前期降水和流域地貌特征而设计的。当时，全国性的 QPFs 预报通常来自美国国家气象中心，但分辨率较低，仅包含大尺度降水，在预报小规模对流性降水导致的山洪方面用途有限。在实践中，预警程序通常基于 RFC 的专业知识在本地实施，但各地可能存在较大差异。可从装有天气雷达的地区获得常规降水估测，但即使使用初始的 *Z-R* 关系，也需要手动或使用雷达数字化仪器及处理器（radar digitizer and processor，RADAP）技术对雷达数据进行数字化处理。但在 20 世纪 70 年代，可使用的雷达站点很少。一些镇、市、县有时会将龙卷风和民防警报器（带有特殊的山洪警报音）作为本地区的山洪预警和警报系统。尽管有其他途径，Mogil 等（1978）（第 693 页）指出，FFG 系统已是“本地方案中的关键要素”（critical element in local programs）。

在整个 20 世纪 70 年代、20 世纪 80 年代和 20 世纪 90 年代初期，OFFG 系统的运用出现了各种问题。各个地区确定阈值径流的程序不尽相同，并且某些地区从未记录过这些值是如何生成的。Sweeney（1992）曾举例说明过，某个 RFC 仅仅通过整个区域范围内 4 个点位上的数据就计算出了 ThreshR，这个区域甚至覆盖了多个州。大型河流系统预报于 20 世纪 80 年代被转移到新的 NWS 河流预测系统中，并在部署后的几年中，也进行了各种将 FFG 系统导入该框架的尝试。这些工作的主要目标是消除生成 FFG 时的地区差异，并向当地预报员提供一致性更好的产品。

如今，通过这些工作生成的 FFG 系统被称为集总式山洪早期预警（lumped flash flood guidance，LFFG）系统。LFFG 系统是第一个在格网上生成的 FFG 系统，它可以将 LFFG 值与逐个单元的降水量估测值进行比较。尽管产品具有格网化性质，但在一些特定流域内（通常流域面积为 300～5 000 km^2），LFFG 相同。由于美国大部分地区都有高分辨率的 WSR-88D 降水估测，在这些流域内，QPE 与 FFG 的比较在不同单元之间展示出了显著的差异。在某些地区，LFFG 系统在空间分辨率方面优于 OFFG 系统（Sweeney and Baumgardner，1999），但即使是面积为 300 km^2 的流域也比气象雷达 QPE 的单个像元大了很多倍。因此，LFFG 系统运行不久就出现了很多改善产品空间分辨率的尝试。

GIS 软件在山洪预报中非常有用，随着 GIS 技术的成熟，位于宾夕法尼亚州匹兹堡（Pittsburgh，Pennsylvania）的 NWS 办公室预报员发现 GIS 可用于绘制符合山洪预报规模的流域范围，该项目被称为地区平均流域估测降水（Areal Mean Basin Estimated Rainfall，AMBER）。在小流域内对高分辨率降水估测值进行平均，与使用县级或 LFFG 系统相比，能更好地估测流域降水。最终，美国国家流域划界项目（National Basin Delineation Project，NBDP）将这种方法扩展到了美国各地（Arthur et al.，2005）。其中，最小的流域面积只有 5 km^2（Davis，2007），很少有超过 20 km^2 的流域（River Forecast Center Development Management Team，2003）。NBDP 在这些流域实施后，降水估测的尺度与流域规模能相互匹配，但大范围的 LFFG 仍保持不变。

在 RFC 开发管理团队发布了 2003 年报告之后的数年里，各处的 RFC 都开展了各自版本的 FFG 系统实践。美国西部科罗拉多流域（Colorado Basin）RFC 开发了一种称为山洪潜在危险指标（flash flood potential index，FFPI）的产品，该产品最终传播至西北 RFC 和加利福尼亚州-内华达州 RFC。在 2005 年和 2006 年，阿肯色州（Arkansas）的红河流域（Red Basin）RFC 制定了格网式山洪早期预警（gridded flash flood guidance，GFFG）系统。截至 2010 年，该方法已在美国中南部和东南部的许多地区得到了应用。此后，中大西洋（Middle Atlantic）RFC 使用不同的水文模型和高分辨率的前期降水生产了一种称为分布式山洪早期预警（distributed flash flood guidance，DFFG）的系统（Clark et al.，2014）。

8.3 集总式山洪早期预警系统

在 20 世纪 90 年代初期，当 NWS 首次决定将 FFG 系统移用至大型河流水位预报系统中时，便开发出了 LFFG 系统。针对给定的降水量，有了土壤湿度信息（在某些地区的 RFC，此项为积雪信息），水文模型[通常是萨克拉门托土壤湿度核算（Sacramento soil moisture accounting，SAC-SMA）模型，但也有其他模型]就能确定出有多少降水是用于使土壤饱和的，有多少是将会损失的，有多少能变成径流。SAC-SMA 模型是一个集总式参数模型，因此对于特定的流域，土壤湿度条件及模型参数都是相同的。这些模型适用的流域面积超过 300 km^2，相应地超出了通常山洪预报对应的 6 h 时间尺度（Clark，2012）。正如第 8.1 节所述，由于阈值径流（水文模型的输出）已知，所以需要反向运行 SAC-SMA 模型。在这种情况下，由于降水未知，模型超过阈值径流的降水量被认为是整个集总式流域的 LFFG。

河流水位预报所用的土壤湿度数据同样被用于生成 LFFG（Sweeney① and Baumgardner，1999）。LFFG 中使用的 ThreshR 是流域洪水径流量与流域单位过程线峰值之比。通常，LFFG 系统基于以下假设：河道发生漫滩即被认为发生了重现期为 2 年的洪水。调查团队计算各个点上的 ThreshR，尤其是具有雨量站的点。然后，对这些点值以等高线的形式进行绘制，并创建出 ThreshR 字段。正如 Carpenter 等（1999）所述，还有许多其他方法可以用于计算 ThreshR。如今，生成 ThreshR 的最常用方法是利用数字高程模型（digital elevation model，DEM）所绘制的流域地形图完成几次勘测，在勘测点之间绘制 ThreshR 的等高线，形成格网化的 ThreshR 分布值（Reed et al.，2002）。

LFFG 系统也能采用 SAC-SMA 模型以外的其他模型。如果使用的是不同的水文模型，则可以解释在不同 RFC 区域边界上 LFFG 的差异。假设降水估测能及时生成，则 RFC 每 6 h 更新一次土壤湿度数据，这使得 LFFG 同样能每 6 h 更新一次。LFFG 系统不易反映出在数小时或少于 1 h 的时间内发生的土壤湿度变化，6 h 或更长时间内的土壤湿度变化则能在 LFFG 系统中反映。该方法的集总式特征使得预报员无法检测土壤湿度和前期降水在亚流域尺度的差异。在面积为 1 000 km^2 的流域内，相比于土壤湿度饱和的地区，较干燥的地区对新的降水做出的响应也不同。不幸的是，采用 LFFG 系统无法反映此类差异。

在北部和西部的 RFC 中，冻土、积雪和融雪是山洪预报的关键部分。当生成 LFFG 时，使用 Snow-17 模型来协助计算土壤层上的额外水量。应当指出的是，在这些多雪地区，与不需要监测积雪对应水量的地区相比，LFFG 的分布范围更广（Sweeney and Baumgardner，1999）。

① 译者注：原著中为 Sweeny，此处更正为 Sweeney。

8.4　山洪潜在危险指标

FFPI 用于那些在山洪预报中认为土壤湿度相对于地貌流域特征而言并不重要的地区。已启动的西部地区山洪分析（Western Region Flash Flood Analysis）项目为这些地区建立了一种新型的 FFG 系统（River Forecast Center Development Management Team，2003），其将多层格网化的流域参数重采样至相同的分辨率再进行相互比较，将流域内格网化的相对敏感性与山洪影响进行对应。

Smith（2003）获取了多个静态数据层（包括土地利用类型、森林覆盖度、植被类型、坡度及土壤类型），并根据山洪暴发的预期程度，为每层中的每个格网单元分配 1～10 的值，并针对动态数据层（包括植被状态、积雪、火灾及模拟降水）执行了相同的流程。针对每个格网单元，计算所有数据层对应取值的平均数，得出最终相对的 FFPI。除坡度外，所有其他数据层的权重相同，坡度的权重略高。由于这些值代表相对的 FFPI，所以它们的量纲为一。最后，通过在 FFMP 计划流域范围内计算每个格网对应取值的平均数，得到每个流域的敏感性取值。在某些 RFC 中，此敏感性数值替代了 LFFG。例如，科罗拉多流域 RFC 根据流域敏感性取值向上或向下调整 1 in/h（25.4 mm/h）的降水强度，产生了最终的 FFG（Clark，2012）。Clark 等（2014）认为 FFPI 在山洪预报中几乎没有实用价值，尽管这可能是因为要想在美国西部获得准确的山洪观测资料和 QPE 十分困难，而不是由 FFPI 本身的缺陷导致的。

8.5　格网式山洪早期预警系统

Schmidt 等（2007）描述了一种产生高分辨率山洪预警的方法，试图弥补超大型集总式水文模型流域和小型 FFMP 计划流域之间的差距。这种高分辨率的山洪预警方法被称为 GFFG 系统。该方法最初于 2005 年和 2006 年由阿肯色州的红河流域 RFC 开发，此后扩展到美国其他大部分地区。GFFG 系统的优点在于分辨率高并使用了现成可获取的 GIS 数据集，但 GFFG 系统也存在一些缺点。直到 2014 年，尚未有文献对集总式山洪预警技术进行任何全国性的客观评估（Clark et al.，2014）。为了使 GFFG 系统能从科学研究层面过渡到应用层面，创建者基于早期 LFFG 系统设计了新的 CFFG 系统（Gourley et al.，2012；Schmidt et al.，2007）。因此，LFFG 系统中存在的缺陷也势必转移到了新的 GFFG 系统中。

分布式水文模型是 GFFG 系统的基础，也就是说，模型的参数在格网单元间变化，而不是在集总式流域间变化。与原始 LFFG 系统相同，GFFG 系统在分辨率为 4 km 的极球面投影格网上运行。GFFG 的组成部分包括坡度（提取自 DEM）、土壤类型、土地覆盖类型、土壤湿度、ThreshR 和降水-径流模型。GFFG 系统首先使用美国自然资源保护署径流曲线数（Natural Resources Conservation Service curve number，NRCS-CN）方法确定每个格网单元对洪水影响的敏感性。具体可通过查找表对应找到曲线数，该查找表要求用户了解每个格网单元的土地利用类型和土壤类型特征。曲线数越高，说明产生径流和导致山洪暴发的可能性越大。在 GFFG 系统中，曲线数包含有关土壤湿度条件的信息，因此也包含前期降水信息，所以需要能提供土壤饱和度的土壤湿度模型来调整曲线数的取值。该土壤水文模型即 NWS 水文实验室研究分布式水文模型（hydrology laboratory research distributed hydrologic model，HL-RDHM），它具有两个重要参数：上层土壤自由水含量和上层土壤张力水含量。Koren 等（2000）估测了每个参数可能的最大取值，认为可以用模型模拟值的总和除以可能最大取值的总和，从而得出土壤饱和度。

通过式（8.1）、式（8.2）确定基于土壤湿度的曲线数 CN 的上限和下限。在湿润条件下：

$$\mathrm{CN}_{\mathrm{ARCIII}}=\frac{23\times\mathrm{CN}}{10+0.13\times\mathrm{CN}} \tag{8.1}$$

如果土壤完全饱和，则 $\mathrm{CN}_{\mathrm{ARCIII}}$ 是基于土壤湿度的曲线数。CN 是土壤饱和度为 50%时的曲线数。而在干燥条件下：

$$\mathrm{CN}_{\mathrm{ARCI}}=\frac{4.2\times\mathrm{CN}}{10-0.058\times\mathrm{CN}} \tag{8.2}$$

$\mathrm{CN}_{\mathrm{ARCI}}$ 是土壤饱和度为 0 时的曲线数。而常规曲线数 CN 能仅基于格网单元中的土地利用类型和土壤类型根据查找表确定。将该 CN 代入式（8.1）和式（8.2）中，即可计算出曲线数可能的上限和下限。接着，根据 HL-RDHM 计算的土壤饱和度确定 $\mathrm{CN}_{\mathrm{ARCII}}$，即可得到最终基于调整后的土壤湿度的曲线数。例如，如果原始的常规曲线数为 70，则可计算出饱和曲线数 $\mathrm{CN}_{\mathrm{ARCIII}}$ 为 84，非饱和曲线数 $\mathrm{CN}_{\mathrm{ARCI}}$ 为 49。如果 HL-RDHM 确定格网单元中土壤饱和度已达到 80%，则需将曲线数 $\mathrm{CN}_{\mathrm{ARCII}}$ 的最终值调整为 77。该曲线数高于原始的常规曲线数取值（即 70）。由于在我们的示例中土壤饱和度较高（达到了 80%），所以可以预料到山洪暴发的可能性也较高。计算出最终的曲线数后，将其代入式（8.3）：

$$S=\frac{1\,000}{\mathrm{CN}}-10 \tag{8.3}$$

其中，CN 代表基于调整后的土壤湿度的曲线数。在式（8.3）中，S 是初损量（Schmidt et al., 2007）。

在 GFFG 系统中，阈值径流是通过创建一个重现期为 5 年的 3 h 降水事件来确定的。该降水事件的径流量被认为是小型自然河流上洪水水位对应的流量。使用 NRCS-CN 方法确定单位过程线的洪峰流量，然后将洪水水位流量与单位过程线洪峰流量的比值作为阈值径流。Schmidt 等（2007）讨论了使用 GFFG 系统观测到的 ThreshR 的变化，并注意到与传统的 LFFG 系统阈值径流相比，其取值范围更大。最后，采用式（8.3）计算得到的 S 可求得最终的 GFFG：

$$Q=\frac{(P-0.2S)^2}{P+0.8S} \tag{8.4}$$

其中，Q 是阈值径流量，P 是降水量；GFFG 等于式（8.4）中的 P（Schmidt et al., 2007）。

尽管 Gourley 等（2012）对阿肯色州的红河流域 RFC 开展的评估及 Clark 等（2014）针对全美进行的评估都发现，与早前开发的 FFG 系列系统相比，GFFG 系统的技能几乎没有提高，但 GFFG 系统能实现 LFFG 系统无法实现的对小规模事件的预报。最重要的是，GFFG 系统的空间尺度与大多数山洪事件的空间尺度相匹配。

8.6　山洪早期预警系统应用评价

由于缺乏有关 FFG 系列系统的更新和更改记录文档资料，当地预报员有时会对系统自行进行修改。最常见的问题之一是，根据需要手动调低城市区域范围内的预警值，其他修改还涉及从 NBDP 中规定的初始流域内创建出更小的子流域等。Davis（2004）指出，某些 FFG 系统可能做出了无法成立的假设，尤其是在情景模式下运行的降水-径流模型，其假定降水在空间和时间上均匀分配，而这一假设并不合理。另外，在某些方法中，对于模拟的小型自然河流，认为在特定的洪水预报时刻开始时，河流处于低流量状态。当然，如果河道内已经含有一定量的水，则 FFG 系统将高估引发山洪所需的降水量。

由于区域预报员和地方预报员之间对洪水预报的职责分工不同，所以定期对 FFG 系统开展严格的评估是一件非常困难的事。Gourley 等（2012）和 Clark 等（2014）分别针对区域与全国性的 FFG 系统开展了客观评估。Schmidt 等（2007）和 Smith（2003）在部署 GFFG 系统和 FFPI 之前，分别针对逐个案例对他们改进的 FFG 系统进行了评估。在文献中还发现了其他对 FFG 系统的案例评估，其中大多数评估都认为，需要对 FFG 系统进行重大修改。如图 8.4 所示，当前由于方法众多，不同 RFC 生成的 FFG 都不尽相同。鉴于以上这些原因，在高度依赖 FFG 系统发布山洪预警及生成其他衍生产品时，应当格外谨慎。

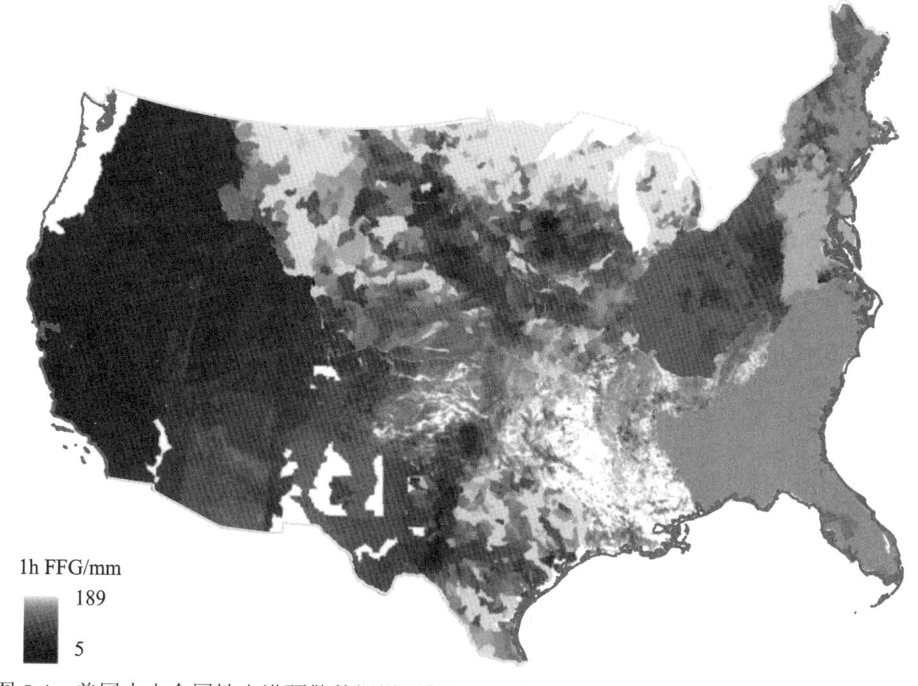

图 8.4　美国本土全国性山洪预警数据拼图[于 2007 年 8 月 19 日 6:00（协调世界时）有效]

8.7 阈值频率方法

由于山洪往往发生在较小的空间和时间尺度上，所以有研究开始尝试直接在高分辨率格网上进行水文模拟。所提出的方法之一是分布式水文建模-阈值频率（distributed hydrologic modeling-threshold frequency，DHM-TF）模型（Reed et al.，2007）。DHM-TF模型的概念类似于 FFG 系统，需要在所有格网单元（包括没有进行水文观测的位置）进行洪水预报（Cosgrove et al.，2010）。但 DHM-TF 模型不需要在情景模式下运行降水-径流模型，而是直接在模拟模式下运行水文模型。换言之，与其在降水情景中进行迭代并确定哪个水深/持续时间能引发河漫滩，不如将观测到的 QPE 作为水文模型的输入，随后通过该模型在每个格网单元处输出流量（或径流量）。由于大多数格网单元都没有水文观测站点，模型输出的原始流量被认为是引发洪水的潜力。这一思路通常都需要长时间运行同一水文模型，从而获取每个格网处历史模拟流量的分布情况来实现。然后，当模型在预测模式下实时运行时，可以将流量输出与该格网单元处的历史模拟流量分布进行比较，从而确定洪水影响的严重程度。

DHM-TF 模型提高了洪水预报的分辨率，具有比 FFG 系统更大的优势。如果能够获取相同或相近分辨率下的降水、DEM 和其他输入数据，那么分布式水文模型几乎可以在任何格网上运行。借助合适的计算能力，DHM-TF 模型能实现比 FFG 系统更高的更新频率。每当有可以使用的新的降水量数据时（在美国至少能达到每 5 min 一次，使用新的 MRMS 算法可能会进一步提高更新频率），就可以重新运行该模型。当然，在运行特定模型后，计算速度决定了模拟流量更新的频率。与 FFG 系统当前采用的每天四次或每天一次的更新标准相比，DHM-TF 模型具有显著优势（Cosgrove et al.，2010）。与 GFFG 系统不同，通过 DHM-TF 模型的直接模拟，能基于模型的汇流功能（如果有此功能）将水从一个格网单元转移到另一个格网单元（Reed，2008）。而任何分布式水文模型都可用于建立 DHM-TF 模型。Reed 等（2007）、Cosgrove 等（2010）及其他学者的研究采用的均是 HL-RDHM。如第 8.5 节提到的，HL-RDHM 的参数还被用来提取 GFFG 系统。但相对于 FFG 系统而言，DHM-TF 模型最重大的改进是仅需针对所模拟的事件进行相对重要性的评判。换言之，只要模型能够正确地（或近似正确地）将特定的洪水事件置于历史事件中，模型模拟的径流量的绝对值就不再重要了。

Gourley 等（2012）[①]发现，对于美国中南部的某些案例，DHM-TF 模型的技能超过了传统的 LFFG 系统和新的 GFFG 系统。他们的方法采用 CREST 水文模型生成径流。CREST 水文模型是俄克拉何马大学和美国国家航空航天局（National Aeronautics and Space Administration，NASA）的合作成果（Wang et al.，2011）。CREST 水文模型还为 DHM-TF 模型的预运行套件提供了支持。该产品被称为洪水位置及模拟水文过程线（Flooded Locations and Simulated Hydrographs，FLASH）。FLASH 项目由俄克拉何马大学

① 译者注：原著为 2014，此处更正为 2012。

和美国国家强风暴实验室（National Severe Storms Laboratory，NSSL）提供，从 2016 年开始供美国国家气象服务预报员使用。FLASH 包含一个分布式水文模型（CREST 水文模型），该模型在全美范围内以 10 min 和 1 km 的时空分辨率运行，并采用 NSSL 的 MRMS 算法的降水估测进行驱动，这在第 4 章中进行了详细讨论。QPE 被输入模型时，假定不再发生降水，随后模型向前运行 6 h，在这 6 h 内，每个格网单元中的最大流量将根据 Log-Pearson Ⅲ型分布曲线（Pearson，1895）转换为对应的重现期，该分布曲线由 2002～2012 年每个格网单元的最大年径流的时间序列（或者部分时段的时间序列）推算而来。这些最大年径流是在后向预报模式下采用第四阶段（Lin，2007）的降水估测驱动模型生成的。图 8.5 展示了一个区域 FLASH 格网的样例。

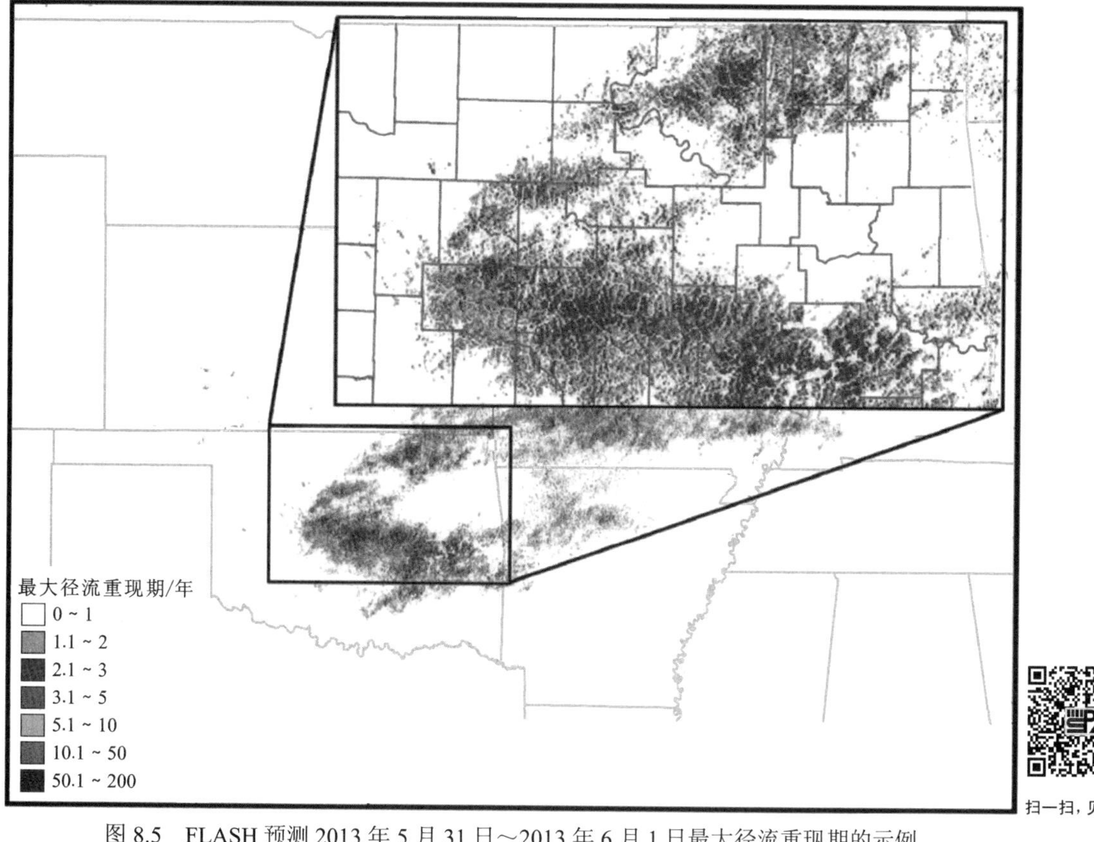

扫一扫，见彩图

图 8.5　FLASH 预测 2013 年 5 月 31 日～2013 年 6 月 1 日最大径流重现期的示例

考虑到 FFG 系统的局限性和原始性，采用观测或预报的降水（而非降水情景模拟）驱动分布式水文模型逐渐成为美国及其他地区预报和监测山洪事件的主要方式。在其他拥有完善气象雷达网络的国家，这一方法也在不断发展。随着 NWP 技术的提升，水文模型终将能利用 QPFs 进行驱动，这将使山洪预报的预见期远远超过 FLASH 当前所能达到的 6 h 水平，同时也将推动山洪高质量预报所需的大气知识与地表知识的融合。

问 题 集

定性问题

1. 请对比分析 GFFG 系统和 LFFG 系统。
2. 各类 FFG 系统分别有哪些优点和缺点？
3. DHM-TF 模型和 FLASH 是如何改进 FFG 系统的？
4. 哪些类型的气象因素导致山洪暴发？

定量问题

1. 针对绝大多数土地被土路覆盖的地区进行山洪预测，其土壤属于水文土壤分组中的 C 组，根据 NRCS-CN 方法得出常规曲线数为 87。若该区域的土壤饱和度为 40%，请确定基于调整后的土壤湿度的曲线数。

2. 在上个问题的基础上，请针对具有 3.0 in（76.2 mm）阈值径流的河流格网单元，确定 GFFG。

3. 基于图 8.3，请针对具有 2.5 in（63.5 mm）阈值径流及土壤饱和度为 60%的流域，确定 FFG。

4. 基于 NWS 默认采用的 *Z-R* 关系，确定对应于 50 dBZ（100 000 Z）雷达反射率的降水强度。在 3 h 内会发生多少降水？如果 3 h 的 FFG 为 2.5 in（63.5 mm），则降水量与 FFG 的比值是多少？

参 考 文 献

Arthur, A., G. Cox, N. Kuhnert, D. Slayter, and K. Howard. 2005. The National Basin Delineation Project. *Bulletin of the American Meteorological Society* 86: 1443-1452.

Ashley, S., and W. Ashley. 2008. Flood fatalities in the United States. *Journal of Applied Meteorology and Climatology* 47: 806-818.

Carpenter, T., J. Sperfslage, K. Georgakakos, T. Sweeney, and D. Fread. 1999. National threshold runoff estimation utilizing GIS in support of operational flash flood warning systems. *Journal of Hydrology* 224: 21-44.

Clark III, R. 2012. *Evaluation of Flash Flood Guidance in the United States*. M. S. Thesis. University of Oklahoma.

Clark, R. A., J. J. Gourley, Z. L. Flamig, Y. Hong, and E. Clark. 2014. CONUS-wide evaluation of National Weather Service flash flood guidance products. *Weather and Forecasting* 29: 377-392. doi:10.1175/WAF-D-12-00124. 1.

Cosgrove, B., S. Reed, M. Smith, F. Ding, Y. Zhang, Z. Cui, and Z. Zhang. 2010. DHM-TF: Monitoring and predicting flash floods with a distributed hydrologic model. Presentation, *Eastern Region Flash Flood Conference*, Wilkes-Barre, PA.

Davis, R. 2004. Locally modifying flash flood guidance to improve the detection capability of the Flash Flood Monitoring and Prediction program. Preprints, *18th Conference on Hydrology*, Seattle, WA, Amer. Meteor. Soc., J1. 2. [Available online at http://www. ams. confex. com/ams/pdfpapers/68922. pdf.]

Davis, R. 2007. Detecting the entire spectrum of stream flooding with the flash flood monitoring and prediction (FFMP) program. Preprints, *21st Conference on Hydrology*, San Antonio, TX, Amer. Meteor. Soc., 6B. 1.

Doswell III, C. A., H. Brooks, and R. Maddox. 1996. Flash flood forecasting: An ingredients-based methodology. *Weather and Forecasting* 11: 560-581.

Gourley, J. J., J. Erlingis, Y. Hong, and E. Wells. 2012. Evaluation of tools used for monitoring and forecasting flash floods in the United States. *Weather and Forecasting* 27: 158-173.

Koren, V., M. Smith, D. Wang, and Z. Zhang. 2000. Use of soil property data in the derivation of conceptual rainfall-runoff model parameters. Preprints, *15th Conference on Hydrology*, Long Beach, CA, Amer. Meteor. Soc., 103-106.

Lin, Y. 2007. Q&A about the new NCEP Stage II/Stage IV. Mesoscale Modeling Branch, Environmental Modeling Center, National Centers for Environmental Prediction. [Available online at http://www. emc. ncep. noaa. gov/mmb/ylin/ pcpanl/QandA.]

Mogil, H., J. Monro, and H. Groper. 1978. NWS's flash flood warning and disaster preparedness programs. *Bulletin of the American Meteorological Society* 59: 690-699.

Pearson, K. 1895. Contributions to the mathematical theory of evolution, II: Skew variation in homogenous material. *Philosophical Transactions of the Royal Society B* 186: 343-414.

Petersen, W. A., L. D. Carey, S. A. Rutledge, J. C. Knievel, R. Johnson, N. J. Doesken, T. B. Mckee, T. H. Haar, and J. F. Weaver. 1999. Mesoscale and radar observations of the Fort Collins flash flood of 28 July 1997. *Bulletin of the American Meteorological Society* 80: 191-216.

Reed, S. 2008. DHM-TF overview. Presentation, RFC Development Management. [Available online at http://www. nws. noaa. gov/oh/rfcdev/docs/DHM-TF- GFFG. pdf.]

Reed, S., and P. Ahnert. 2012. National Weather Service flash flood modeling and warning services. Presentation, *USACE Flood Risk Management and Silver Jackets Workshop*, Harrisburg, PA. [Available online at http://www.nfrmp.us/frmpw/docs/WORKSHOP/Allegheny/4%20-%20Thursday/1200_-_Reed_-_National_Weather_Service_FFW_Services_SJ_draft4. pdf.]

Reed, S., D. Johnson, and T. Sweeney. 2002. Application and national geographic information system database to support two-year flood and threshold runoff estimates. *Journal of Hydrologic Engineering* 7: 209-219.

Reed, S., J. Schaake, and Z. Zhang. 2007. A distributed hydrologic model and threshold frequency-based method for flash flood forecasting at ungauged locations. *Journal of Hydrology* 337: 402-420.

River Forecast Center Development Management Team. 2003. Flash flood guidance improvement team: Final report. Report to the Operations Subcommittee of the NWS Corporate Board, 47 pp. [Available online at http://www. nws. noaa. gov/ oh/rfcdev/docs/ffgitreport. pdf.]

Schmidt, J., A. Anderson, and J. Paul. 2007. Spatially-variable, physically derived, flash flood guidance.

Preprints, *21st Conference on Hydrology*, San Antonio, TX, Amer. Meteor. Soc., 6B. 2. [Available online at http://ams. confex. com/ amspdfpapers/120022. pdf.]

Smith, G. 2003. Flash flood potential: Determining the hydrologic response of FFMP basins to heavy rain by analyzing their physiographic characteristics. Report to the NWS Colorado Basin River Forecast Center, 11 pp. [Available online at http://www. cbrfc. noaa. gov/papers/ffp_wpap. pdf.]

Sweeney, T. 1992. Modernized areal flash flood guidance. NOAA Tech. Rep. NWS HYDRO 44, Hydrologic Research Laboratory, National Weather Service, NOAA, Silver Spring, MD, 21 pp. and an appendix.

Sweeney, T., and T. Baumgardner. 1999. Modernized flash flood guidance. Report to NWS Hydrology Laboratory, 11 pp. [Available online at http://www. nws. noaa. gov/oh/hrl/ffg/modflash. htm.]

Wang, J., Y. Hong, L. Li, J. J. Gourley, S. Khan, K. Yilmaz, R. Adler, F. Policelli, S. Habib, D. Irwn, A. Limaye, T. Korme, and L. Okello. 2011. The coupled routing and excess storage (CREST) distributed hydrological model. *Hydrological Sciences Journal* 56: 84-98.

索 引[①]

① 译者注：原著索引存在前后重复问题，此处进行梳理、删减。

M

N

P

Q

R

S

Z